M. A. Kadirova
S. S. Rakhimkhodjaev

# Produção de tecidos e mangas com fios de alta densidade de linhas

M. A. Kadirova
S. S. Rakhimkhodjaev

# Produção de tecidos e mangas com fios de alta densidade de linhas

## Numa máquina com pinça de lançadeira

ScienciaScripts

**Imprint**



Cover image: www.ingimage.com

This book is a translation from the original published under ISBN 978-620-7-48430-0.

Publisher:
Sciencia Scripts
is a trademark of
Dodo Books Indian Ocean Ltd. and OmniScriptum S.R.L publishing group

120 High Road, East Finchley, London, N2 9ED, United Kingdom
Str. Armeneasca 28/1, office 1, Chisinau MD-2012, Republic of Moldova, Europe
Managing Directors: Ieva Konstantinova, Victoria Ursu
info@omniscriptum.com

Printed at: see last page
**ISBN: 978-620-8-37005-3**

Conteúdo

Anotação

*O trabalho é dedicado à produção de tecidos e mangas a partir de fios de alta densidade linear num tear de lançadeiras. O tear de lançadeira é modernizado através da utilização da natureza do movimento dos aros com a instalação dos mecanismos de alimentação e retirada da trama para a pinça da lançadeira nos aros. Determinam-se os parâmetros da pinça da lançadeira. Obtêm-se as regularidades de movimento da pinça de lançadeira no galpão. São obtidas as equações da tensão de uma chumbada que desliza num plano, num círculo de cilindros fixos e móveis, tendo em conta a rigidez da chumbada, o raio, o ângulo e o coeficiente de atrito. É conveniente utilizar um cilindro móvel como travão de vaivém. São determinados os valores do ângulo de atrito da chumbada contra a pinça em função da posição da pinça de lançadeira no galpão. Desenvolveu-se um suporte e uma metodologia para determinar o coeficiente de atrito da trama contra a pinça da laçadeira em função da forma, dimensão e estado das superfícies de atrito da pinça da laçadeira. O aumento do raio de atrito do fio no gancho leva a um aumento da tensão do fio de trama. O coeficiente de atrito em repouso é superior ao coeficiente de atrito em movimento em todas as variantes das superfícies de fricção da lançadeira. O novo tecido tem uma ourela, cuja estrutura confere resistência e impede a tecelagem dos fios de urdidura extremos, não necessitando de mecanismos adicionais de formação de ourela. Em termos de propriedades físicas e mecânicas, o novo tecido não é inferior ao tecido normal. A perda de trama para o novo tecido aumenta, sendo de 5,6 a 9%, dependendo do tamanho do laço de trama nas ourelas. O tecido para a produção de mangueiras de incêndio foi projetado, o que resultou no cálculo dos parâmetros tecnológicos necessários para a produção do tecido. O novo tecido deve ter propriedades de resistência à água, o que pode ser conseguido com a ajuda de impregnações especiais. As amostras de tecido foram testadas quanto às propriedades físicas e mecânicas no laboratório do centro de certificação, as caraterísticas de carga de rutura, resistência à abrasão, resistência à água foram investigadas. O nosso tecido tem boas propriedades de tração, respirabilidade e resistência à água.*
*Palavras-chave: fio, urdidura, trama, tecido, relação, tecelagem, mangas, ourela, parâmetros, regularidade, acabamento, densidade, respirabilidade, resistência à água, propriedades, tensão, fricção, lançadeira, perdas, mecanismo.*

## CARACTERIZAÇÃO GERAL DO TRABALHO

Este trabalho é realizado sobre os seguintes temas: produção de tecidos a partir de fios de alta densidade linear na máquina com pinça de vaivém; conceção e fabrico de mangueiras de incêndio com propriedades resistentes à água; e representa o desenvolvimento de um conjunto de peças básicas, fornecendo a cobertura mais completa de dados, abrindo a possibilidade de implementação efectiva dos resultados do trabalho na produção da indústria têxtil do Uzbequistão de acordo com as prioridades do estado da economia e da indústria no presente, tendências e realidades do mercado a partir do momento atual O desenvolvimento socioeconómico intensivo da República do Uzbequistão estipula a necessidade de desenvolvimento de novas tecnologias orientadas para a expansão da gama de bens de consumo com elevadas propriedades operacionais, independência de importação e orientação para a exportação. Uma das direcções promissoras neste aspeto é a produção de produtos têxteis modernos em condições de mercado. Atualmente, o mercado necessita e tem o direito de esperar da indústria de tecelagem uma vasta gama de tecidos de alta qualidade que combinem, por um lado, uma relação óptima de propriedades físicas e mecânicas, estéticas e higiénicas e, por outro, indicadores de custo ao alcance dos potenciais consumidores. Trata-se de uma tarefa complexa e de grande envergadura, cuja solução exige a coordenação dos esforços dos cientistas e engenheiros, dos industriais e empresários, dos técnicos de tecelagem e dos desenhadores, ou seja, de todos aqueles cuja atividade está, de uma forma ou de outra, ligada à produção de tecelagem. Por sua vez, os esforços dos cientistas e investigadores científicos devem ser direcionados para uma quantidade considerável de trabalhos de investigação e conceção destinados a melhorar o processo de formação do tecido no tear e a modernizar os seus mecanismos, garantindo o bom desempenho deste processo. Sabe-se que os teares de lançadeira do tipo AT são adaptados para a produção de tecidos a partir de fios de pequena e média densidade linear na trama. Devido ao curto comprimento do fio de trama na lançadeira, durante o processamento de fios de alta densidade linear, há uma mudança frequente das embalagens de trama, o que leva a uma diminuição da qualidade do tecido, da produtividade do trabalho e do equipamento. Por conseguinte, o problema do processamento do fio de trama em máquinas de lançadeira do tipo AT é muito atual.

**Objetivo do estudo.** O objetivo deste trabalho é produzir tecidos a partir de fios de alta densidade de linha num tear do tipo AT, modernizando o processo de inserção da trama e aumentando o stock de embalagens de trama.

**Objectivos do estudo**:

- desenvolvimento de um novo sistema de inserção de trama com a ajuda da lançadeira de pinças com base no método de lançadeira existente de inserção de trama na máquina de tipo AT;

- investigar analiticamente a tensão da trama e o movimento da pinça da lançadeira no galpão;
- para investigar as propriedades tecnológicas e físico-mecânicas da nova estrutura de tecido;
- conceber mangueiras de incêndio com propriedades de resistência à água.

**Metodologia de investigação.** Na parte da conceção, foram utilizadas informações científicas e técnicas sobre o assentamento de fios de trama, o método de análise de informações e de raciocínio no desenvolvimento de um novo sistema de assentamento de fios de trama. Na parte teórica da tese foram utilizados na investigação os métodos de geometria analítica, teoria dos mecanismos das máquinas, mecânica teórica, tecnologia informática. As investigações experimentais foram realizadas no laboratório de tecelagem, onde foram utilizados teares de lançadeira do tipo AT, suportes desenvolvidos e dispositivos do centro de certificação do TITLP. O tratamento dos resultados experimentais foi efectuado por métodos de estatística matemática.

**Novidade científica do trabalho.**

- Foi desenvolvido um sistema modernizado de inserção de trama baseado no tear de lançadeira AT;
- os movimentos da pinça de vaivém no galpão são investigados analiticamente;
- É analisada a tensão dos fios de trama no processo de assentamento;
- foram desenvolvidos um suporte e uma metodologia para a determinação da tensão da rosca para diferentes diâmetros de cilindros de guia de fricção;
- tecidos investigados do ponto de vista tecnológico e físico-mecânico produzidos pelo novo método.

**Valor prático do trabalho.** O valor prático do trabalho consiste na possibilidade potencial, com base nos resultados da modernização do processo de inserção da trama, de dar um novo fôlego à renovação do parque de teares de lançadeira do tipo AT, o que permitirá alargar as suas possibilidades de sortido, ou seja, a produção de tecidos a partir de fios de elevada densidade linear. Além disso, os estudos analíticos da tensão da trama e do movimento da pinça da lançadeira no galpão, bem como o suporte e a metodologia para determinar a tensão ao cobrir os seus cilindros podem ser utilizados no curso de tecelagem, mecânica teórica e conceção de teares.

## Conteúdo do trabalho

**A introdução** fundamenta a relevância e pertinência do estudo, a finalidade e os objectivos do estudo, caracteriza o objeto e o tema, mostra a conformidade do estudo com as direcções prioritárias de desenvolvimento da ciência e tecnologia da república, delineia a novidade científica e os resultados práticos do estudo, revela o significado científico e prático dos resultados obtidos, a aplicação dos resultados do estudo na prática, informações sobre trabalhos publicados e a estrutura do trabalho.

**O primeiro capítulo do** artigo "Revisão da Literatura e Enunciado dos Problemas de Investigação" é direcionado para a revisão analítica de fontes bibliográficas, em particular, trabalhos de investigação científica, dedicados à alimentação de teares com lançadeira de gancho de pato a partir de um feixe fixo, à mecânica dos fios têxteis, ao processo de formação de tecidos em teares. Nos últimos anos, tem sido dada muita atenção ao estudo do processo de formação do tecido e ao desenvolvimento da teoria do processo tecnológico da tecelagem. Entretanto, neste domínio, muitas questões permanecem ainda hoje por resolver, devido a uma certa complexidade do processo tecnológico. Todos os trabalhos sobre a investigação da formação do tecido podem ser divididos nos seguintes grupos - trabalhos sobre a investigação teórica e experimental do processo de surfar o fio da trama no tear, trabalhos sobre a investigação da tensão da trama e da urdidura no sistema de enfiamento elástico no tear, trabalhos sobre a normalização do processo tecnológico no tear, trabalhos sobre a investigação da estrutura e das propriedades do tecido em relação às condições da sua produção no tear, trabalhos sobre a melhoria dos processos de formação do tecido e a modernização dos teares. O processo de formação do tecido é um fenómeno multifatorial. Os parâmetros de surf do fio de enchimento dependem da estrutura do tecido que está a ser produzido, do funcionamento do mecanismo de têmpera e da tensão da teia, dos valores relativos dos coeficientes de rigidez dos elementos do sistema de enchimento elástico, dos parâmetros de enchimento do tear, etc. Por sua vez, as tensões de urdidura dependem da estrutura do tecido, dos parâmetros de enfiamento e de surfagem da trama, do funcionamento do mecanismo de libertação e de tensão de urdidura, dos valores relativos dos coeficientes de rigidez do sistema de enchimento elástico e de outros factores. Apesar da interligação destes trabalhos, é necessário diferenciá-los para aprofundar o problema da formação do tecido no tear. Por conseguinte, a clarificação da essência e do significado desta relação desempenha um papel particularmente importante no estudo de questões individuais de formação de tecidos. A exatidão e a realidade dos resultados obtidos dependem em grande parte da formulação correta desta questão. Perceber a grande importância da

inter-relação de factores separados do processo na formação do tecido. A questão da mecânica do fio material deformável restringido por acoplamento de fricção é muito amplamente abordada na literatura. Sabe-se que Leonard Euler trabalhou extensivamente nesta direção, onde estabeleceu pela primeira vez a relação entre a tensão das partes dianteira e traseira de um elo flexível que desliza na superfície de um cilindro. Euler derivou a sua fórmula para um cilindro montado horizontalmente, com um fio flexível a circundar a superfície deste cilindro, posicionado sobre ele num plano paralelo à guia do cilindro. As extremidades do fio pendem do cilindro e são carregadas com forças
Este e T. O cilindro está parado, o fio desliza sobre a sua superfície. O fio não tem peso, não é extensível e tem uma flexibilidade perfeita. Nestas condições obteve a relação: $T = {}_{Toi}'$, onde $\varphi$ *é o* ângulo de circunferência, *k é o* coeficiente de atrito do elo flexível sobre a superfície do cilindro. O artigo trata da mecânica de um filamento flexível deformável ponderado sobre um plano e outras formas de guias.

Um fio de comprimento $l$ a deslizar num plano tem a tensão do seu próprio peso $q$

$$_{Tpl} = q - l - K = q - r - \varphi - K$$

Um fio que desliza sobre uma circunferência, com arco de circunferência $l = r - \varphi$ , tem tensão:

$$T_{\kappa\varphi} = \frac{2q \cdot r \cdot K}{1+K^2}(l^{K\varphi} + \frac{1-K^2}{2K} \cdot \sin\varphi - \cos\varphi)$$

As fórmulas anteriores não têm em conta a rigidez dos fios na superfície de atrito, uma vez que este parâmetro tem em conta o género e o tipo de fios, o plano linear dos fios e as propriedades elásticas dos fios. Por isso, é conveniente estudar a tensão do fio com base na consideração do coeficiente de rigidez do fio. As questões relativas ao assentamento da trama são amplamente abordadas na literatura pedagógica sobre a tecelagem, o que não se pode dizer do assentamento da trama com lançadeira - pinça. Os teares com colocação de trama por lançadeira - pinças são produzidos pela Textima, CBT, Adolph Saurer, Carl Zangs, etc. A principal caraterística distintiva do sistema de máquinas "Neumann" é a colocação da trama em ambos os lados da lançadeira com pinças. O fio de enchimento é enrolado a partir de uma bobina fixa. As bobinas estão instaladas em ambos os lados da máquina. Quando a laçadeira com pinça retira a linha da bobina esquerda e a coloca na calha à direita, a linha esquerda não é cortada e a sua ligação com a bobina é preservada até ao próximo enfiamento à esquerda. Se parar a máquina em qualquer altura, verá que os fios da trama de ambos os lados da máquina não são cortados das bobinas, mas são direcionados para o depósito e aí trabalhados no tecido. O processo de colocação do fio de trama e de formação da ourela é o seguinte (Fig.1.1). Posição I - a lançadeira começa a mover-se para a esquerda, o fio de enchimento passa da bobina através do olho guia até à borda do tecido, após o que a lançadeira pode agarrá-lo. Posição II - o gancho capturou o fio da trama e, sob a forma de um laço, introduziu-o no calço. Posição III - no galpão, percorreu um trajeto igual à largura da ourela, a faca corta a extremidade curta da laçada e a extremidade longa permanece na pinça (a faca está fixada no gancho), pelo que a extremidade curta da laçada será ganha na ourela. Posição IV - ao aproximar-se do lado direito da máquina, a pinça da laçadeira que segura o fio da trama abre-se e o fio da trama é libertado, a laçadeira sem trama passa para a caixa da laçadeira direita. Posição V - a lançadeira é invertida e a trama é inserida da direita para a esquerda. Em comparação com o tear Sulzer, o tear Neumann é consideravelmente mais simples na sua construção. A construção dos mecanismos de inserção da trama é mais simples.

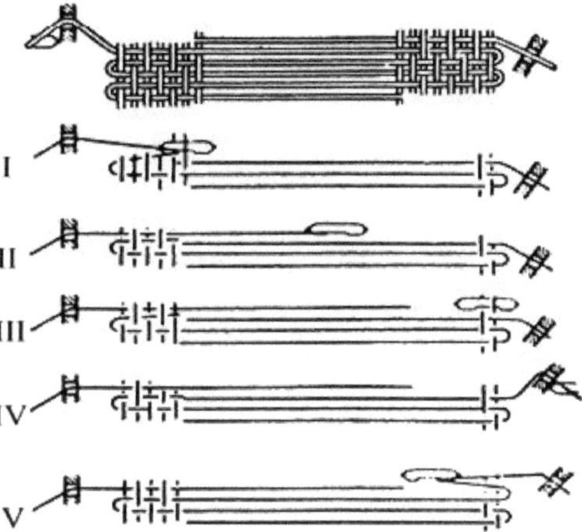


Fig.1.1 Diagrama esquemático do processo de inserção da trama no galpão e formação da ourela com o sistema Neumann

As ourelas do tecido formam uma densidade normal. As máquinas são utilizadas para a produção de tecidos para camisas, fatos leves e casacos em teia e trama com uma densidade linear de fios de 14 tex a 70 tex. No sistema TKDT, a trama é colocada com a mesma lançadeira que se encontrava anteriormente na máquina, mas com as pinças acopladas a ela. A Fig.1.2 mostra duas variantes de lançadeiras com pinças. O esquema de colocação do fio de trama no galpão na primeira variante do desenho da lançadeira - com pinças - é apresentado na Fig.1.3.

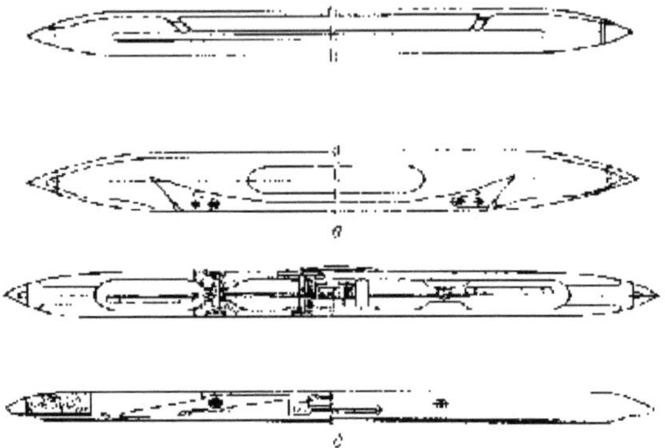

Fig.1.2 Esquema de lançadeiras com pinças do sistema CKD: a - primeira variante; b - segunda variante.

Como isto resultava em pontas de trama muito grandes atrás da ourela do tecido, até 400 mm, foi desenvolvido um dispositivo de medição. O fio de trama é colocado da seguinte forma (Fig. 1.3).

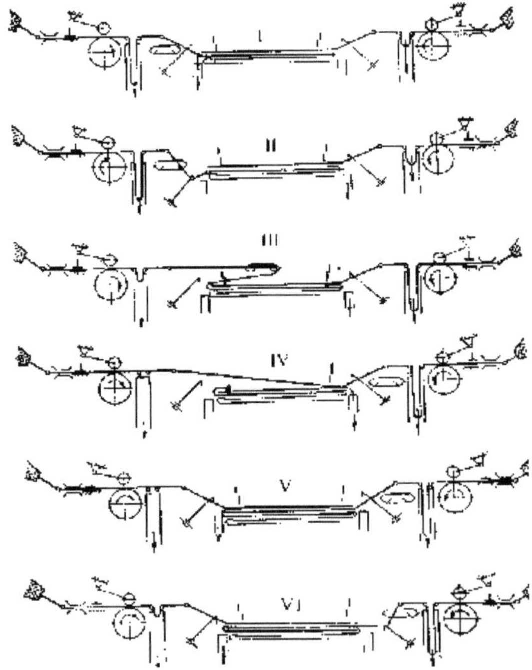

Fig.1.3: Esquema do processo de colocação do fio de trama pelo gancho do primeiro gancho
variante.

Posição I - a lançadeira está na caixa da lançadeira esquerda e a pinça está a recolher o fio da trama para o enfiar na lançadeira. Posição II - a pinça enrola o

fio de trama no enrolador.
Posição III - o gancho cose o fio de trama pré-medido na cala para um remate. Posição IV - a tesoura corta o fio de trama colocado a 30 mm de profundidade na calha. O ilhó termina da esquerda para a direita. Posição V - a pinça recolhe o fio da trama para o enfiar na pega do gancho, quando este é colocado da direita para a esquerda. O dispositivo de medição mede o fio de trama para um enfiamento. Posição VI - a pinça traz o fio de trama para a pega do gancho e repete-se tudo do lado direito, etc. A Fig. 1.4 mostra o esquema de colocação da trama na segunda versão da conceção da lançadeira com pinças. O fio de enchimento é enrolado a partir da bobina 1, passa pelo tensor do fio, que funciona a partir do came 2, depois pela pinça, que funciona a partir do came 3, pela guia do fio 7 e cai no bocal 6. Os interruptores 4 fornecem e fecham o ar no bocal 6.

A bobina 5 recolhe o fio de trama em movimento e passa-o através da cala. A tesoura 8 corta o fio de trama após cada passagem. A formação das bordas não é resolvida neste esquema.

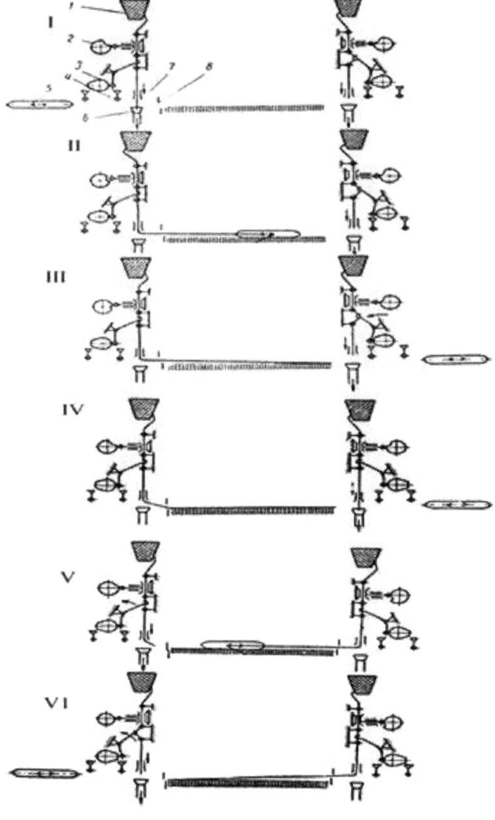

Fig.1.4 Esquema do processo de inserção da trama pelo segundo gancho variante.

Utilizando a inserção de trama do tear Adolph Saurer com o sistema de recolha Adolph Saurer, o tear foi concebido para tecer tecidos a partir de fios feitos de fibras naturais e artificiais, bem como de uma mistura de diferentes fibras. O tear pode igualmente ser utilizado para o tratamento de fios de algodão penteado. A empresa está a desenvolver um modelo de máquina para a produção de fios de filamentos e fios de baixo número. A máquina funciona a uma velocidade de 300 passagens de trama por minuto com uma largura de enchimento de 110 cm, a qualidade dos bordos em ambos os lados do tecido é satisfatória. A trama é colocada por uma lançadeira com pinças a partir de bobinas cónicas ou cilíndricas (Fig.1.5), situadas nos bordos do tecido. Em primeiro lugar, o fio de trama é colocado a partir de uma bobina (por exemplo, a partir da direita, ver posição I, Fig. 1.5), e o comprimento do fio para um lançamento é medido antecipadamente. Em seguida, o fio de trama é colocado a partir da bobina esquerda (posição II), após o que é colocado novamente a partir da bobina direita sem ser cortado e forma um laço com o fio de trama colocado anteriormente (posição III). O fio é colocado da mesma forma no lado esquerdo (posição IV), etc.

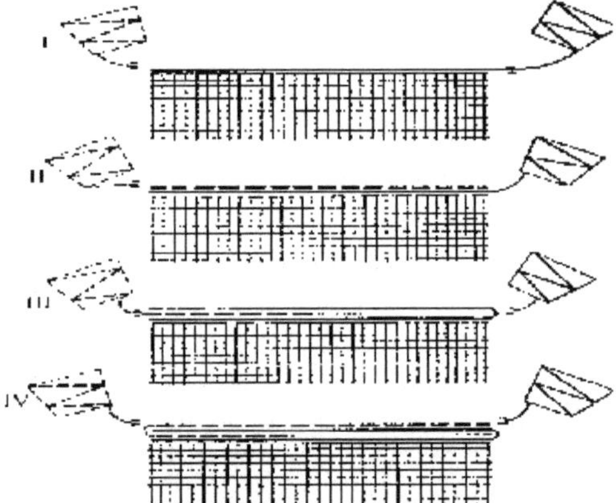


Fig. 1.5: Diagrama do processo de inserção da trama no tear Adolph Saurer.

Ao inserir o fio de trama na cala sob a forma de um laço alternadamente à direita e à esquerda, pode ser criada uma ourela forte. Como resultado da utilização de dispositivos de medição, o comprimento das extremidades da trama que sobressaem para além da ourela do tecido não é superior a 3-4 mm. Com a utilização da inserção da trama através do sistema de pinças de lançadeira Carl Zangs, o tear é concebido para a produção de seda natural, fibras sintéticas, tafetá, tecidos de forro, tecidos para guarda-chuvas, da seguinte forma (Fig.1.6). Posição I - o pé 1 abre a pinça de gancho 2. O bocal de sucção 3 é baixado e introduz o fio fino do gancho. O sistema de enfiamento 5 promove o tensionamento do fio da trama e seu correto posicionamento no pegador do gancho. Durante o corrico, o anzol passa a linha por trás dele, que é enrolada a partir da bobina 6. Posição II - a caixa de lançadeira, do outro lado da máquina, encontra-se a uma certa distância da borda. Entre a caixa de lançadeira e a ourela encontra-se uma alavanca para o fio de reserva 7, que mede o comprimento de trama adequado para a enfiada seguinte. Esta trama de reserva, sob a forma de um laço, encontra-se acima da trajetória da lançadeira. A tesoura 8 corta o fio da trama, as rédeas são levantadas e a cana prega a trama. Posição III - o dispositivo 9 segura a extremidade do fio de trama contra o bocal de aspiração 3, que toma a posição inicial. Posição IV - o dispositivo 10 retira o laço da alavanca 7, e o gancho é lançado através do galpão. Posição V - a alavanca 7 é novamente baixada.

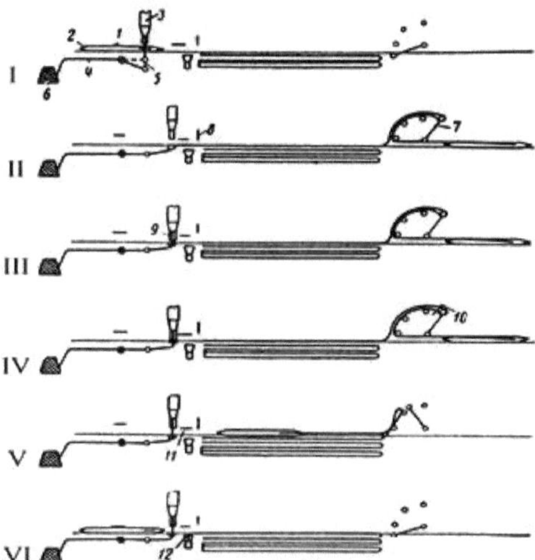


Fig.1.6 Esquema do processo de assentamento do fio de trama por lançadeira com sistema de pinças do tipo Carl Zangs

O pé 11 abre o apanhador de ganchos, libertando a extremidade do fio de trama. Posição VI - esta extremidade é retida pelo bocal 12 durante a elevação das bobinas e a surfagem com a cana. A tesoura 8 corta a extremidade saliente, que é imediatamente aspirada. O tecido produzido neste tear tem uma ourela regular de um lado e uma ourela leno do outro lado. Os mecanismos do tear Zangs são simples e podem ser montados numa estrutura normal de tear de lançadeira. A profundidade do tegão é mantida. O mecanismo de luta, o regulador automático da tensão da teia, o monitor de teia, etc. permanecem inalterados. O novo mecanismo é instalado no tear de lançadeira sob a forma de unidades separadas.

Uma máquina de tecer com uma lançadeira com pinça pode ser fornecida com um mecanismo de desfolhamento convencional, ou seja, com um mecanismo excêntrico, um carro de levantamento de remalhagem, uma máquina jacquard. A máquina pode produzir tecidos a partir de fios com uma espessura de 100-3,3 tex (n.º 10-300), desde os mais leves até aos tecidos de 400 g/m2. A bobina de trama, a bobina de reserva e a unidade de ourela leno são montadas na estrutura de uma máquina de tecer convencional. A alta velocidade, o enrolamento a partir da bobina estacionária em teares com lançadeira de pinças é irregular (irregular) e, por conseguinte, cria uma forte tensão que provoca rupturas de fio. A forma da bobina desempenha um papel importante no enrolamento. Por vezes, os fios sintéticos são enrolados num estado húmido ou molhado, as camadas de fio estão fortemente aderidas umas às outras e, por conseguinte, ocorre uma tensão diferente durante o enrolamento. Para melhorar o enrolamento do fio, a bobina cónica é montada num fuso que roda na direção oposta à do enrolamento do fio. O fuso é acionado a partir do eixo central através de uma engrenagem cónica. O número de rotações do fuso deve ser tal que o comprimento da linha de enrolamento durante 1 ciclo seja inferior à largura da linha. Quando se utiliza o sistema de captura da lançadeira do tipo Clayes, é possível produzir tecidos de algodão a partir de fios de densidades lineares médias. Nas máquinas com lançadeiras com pinças do tipo Clayes (Fig.1.7), a lançadeira com pinça tem a mesma forma que na máquina do sistema Neumann e funciona da mesma maneira, mas o processo de formação da ourela é diferente. Na máquina Neumann, a laçadeira só é utilizada para debruar com a ajuda das barras de corte, que não funcionam em simultâneo com as barras de corte principais. Ao sair do galpão, a lançadeira corta e abaixa a chumbada imediatamente oposta à extremidade de dobra da chumbada anterior. Nas máquinas Trullas - Clayes, o gancho corta o fio de trama esticado pelo dispositivo de aspiração um pouco mais tarde, ao sair da cala, de modo a que a extremidade do fio de trama saia da cala bem esticada e duplique a extremidade de dobragem da trama anterior.

Fig.1.7 Vaivém convencional e vaivém-captura do sistema Clayes.

Isto resulta num ligeiro espessamento, uma vez que a extremidade dupla da trama é dobrada na ourela. No entanto, este espessamento não interfere com o processamento posterior do tecido, uma vez que é consideravelmente menor do que nas máquinas Sulzer. A lançadeira, ao entrar no galpão, coloca a extremidade dobrada do fio da trama em questão, da mesma forma que acontece nas máquinas do sistema "Neumann". Também se trabalha na modernização das máquinas de lançadeira. A empresa G. Kapps (França) está a modernizar máquinas antigas para a produção de tecidos e cobertores muito baratos com um número reduzido de fios de trama para alimentação da trama a partir de bobinas fixas, uma vez que a aquisição de novas máquinas dispendiosas não é viável neste caso. A fim de reduzir os custos de tecelagem, estes produtos devem ser produzidos em teares sem bobinas. Os teares automáticos com mudança de bobinas não são adequados para este ramo de tecelagem. Pela mesma razão, não é possível aumentar a velocidade dos teares. Os teares automáticos de lançadeira também não são uma solução, porque com fios de trama de 835 tex (n.º 1, 2) e uma largura de enchimento superior a 3 m, a espiga é acionada em pouco mais de um minuto. O fio deve estar suficientemente esticado e ter uma resistência à rutura de 400 a 600 G. Os mecanismos de lançadeira com pega, difundidos nos últimos anos em França, requerem a utilização de lançadeiras fortes. O novo mecanismo, que a empresa Kapps utilizava nas máquinas antigas, efectua a colocação do fio de trama com uma tensão de 350G. Este mecanismo é composto por três elementos principais: uma lançadeira com uma pega, que tem a forma de uma lançadeira convencional, e um mecanismo de seleção da cor do fio de trama para a produção de tecidos axadrezados de três cores. Os fios de trama de 111 tex (n.º 9) podem ser tratados numa máquina equipada com este mecanismo, mas foram obtidos resultados particularmente bons com fios de algodão de 16,7 tex **x** 2 (n.º 60/2). O mecanismo funciona da seguinte forma. Durante a paragem da laçadeira com um aperto na caixa da laçadeira, a agulha introduz a extremidade do fio de trama do lado na laçadeira através de um orifício feito na caixa. A agulha coloca o fio no interior da laçadeira com garra, que tem as mesmas dimensões que a antiga laçadeira com bobina, acionada pelo mecanismo de combate habitual, de modo a que a laçadeira com garra não possa provocar uma tensão excessivamente elevada no fio de trama ao desenrolá-lo da bobina, é necessário utilizar um mecanismo de desenrolamento especial, que emita instantaneamente todo o comprimento de fio de trama necessário para uma varredura. Devem ser efectuados testes de funcionamento da máquina para cada novo tipo de lançadeira e para cada máquina com uma grande largura de enchimento. Após a realização dos primeiros testes, as amostras de trabalho das máquinas terão de ser utilizadas nos vários ramos de tecelagem. É muito importante, para efeitos práticos, saber se o sistema de lançadeira de pinças pode ser utilizado com contagens de fio elevadas e em máquinas com grandes larguras de enchimento. Em suma, a classificação dos métodos de inserção da trama na cala foi clarificada com a introdução da inserção da trama através de uma lançadeira com gancho. Os sistemas existentes de inserção da trama através de uma lançadeira são complicados em termos de conceção e requerem uma série de mecanismos adicionais para a formação do tecido. É razoável desenvolver um novo sistema de inserção de trama por pinça de lançadeira com base no tear de lançadeira do tipo AT.

**No segundo capítulo,** é desenvolvido um novo sistema de inserção da trama através da pinça de lançadeira. A modernização de máquinas antigas do tipo AT para a produção de tecidos baratos (técnicos) e cobertores, em que é utilizado fio de trama de elevada densidade linear, com alimentação de trama a partir de pacotes fixos é razoável, uma vez que os custos de produção da tecelagem para estes produtos são reduzidos e a mudança frequente de bobinas ou de lançadeira com bobina afecta a qualidade do tecido e a produtividade da mão de obra e do equipamento. Por conseguinte, a seguir iremos considerar os mecanismos de inserção da trama a partir de pacotes fixos com a ajuda de ganchos de lançadeira. A modernização da inserção da trama foi efectuada com a máxima utilização e a mínima alteração dos mecanismos. O fio de trama é alimentado a partir de duas bobinas fixas instaladas nos lados direito e esquerdo da máquina. A Fig.2.1 mostra a alimentação do fio de trama a partir da bobina situada no lado esquerdo da máquina. O fio fino de cada bobina é introduzido na pinça do gancho sequencialmente a partir do lado direito e depois do lado esquerdo, através de dois mecanismos (direito e esquerdo) de alimentação da bobina. O mecanismo de alimentação da utochina é um olho (Fig. 2.2), que está montado na barra remizki 1. Ao baixar o remizki, o olho 2, com um fio 3 nele enfiado, coloca o fio na linha de movimento da lançadeira 5, que apanha o fio e o coloca no depósito. No movimento inverso da lançadeira, uma outra remizka colocará a trama na linha de ação da pinça e a trama será colocada através da calha. Por conseguinte, a colocação (descida da remessa) da trama na linha de captura deve ser efectuada do lado da luta (aceleração) da lançadeira-captura. Como o ciclo de combate é igual a dois, o ciclo de entrega da chumbada é também igual a dois. O sistema mais racional de alimentação da trama em tecido plano, uma vez que o ciclo de desprendimento é igual a dois.

Fig. 2.1: Alimentação do fio de trama a partir da bobina fixa.

Fig.2.2: Mecanismo de alimentação de espessura

Quando o anzol sai do galpão, o remise entra na fase de pontuação, e o olho com a chumbada move-se para cima, o que faz com que a chumbada saia da pega do anzol. As extremidades das tramas que ficam nos bordos do tecido têm 60-100 mm de comprimento. Em conclusão, pode observar-se que o mecanismo de

alimentação da trama é muito simples
O mecanismo de retirada do fio de trama da pinça da laçadeira (Fig. 2.3) baseia-se no facto de que, ao baixar o enfiador de bobinas do lado da bobina, o fio de trama pode ser retirado livremente. O mecanismo de retirada do fio de trama da pinça do gancho (Fig. 2.3) baseia-se no facto de que, ao baixar o enfiador de bobinas do lado da bobina, o fio de trama pode enrolar-se livremente para fora da bobina.

Fig.2.3 Mecanismo de retirada do fio de trama da pinça da lançadeira.

No final da colocação da trama, o enfiador de trama desloca-se para cima (mudando de posição consoante o padrão de tecelagem) e começa a prender o fio de trama com a sua placa elástica, verificando-se um aperto gradual do fio e, consequentemente, um aumento gradual da tensão do fio de trama. Como resultado, a utochina escorrega do gancho na extremidade oposta do tecido. O início da ação da mola plana na trama e a quantidade de aperto do fio regulam o movimento da mola plana no remizki vertical no olhal de alimentação do fio de trama. Consequentemente, a alimentação e a travagem do fio da trama com a ajuda do olhal e da mola plana, utilizando o movimento da guia do fio da trama (para baixo no lado da trama e para cima no final da colocação da trama), determina a simplicidade da construção e a fiabilidade do mecanismo. A lançadeira do tear modernizado com inserção fixa da trama é diferente das lançadeiras dos teares do tipo AT. Estruturalmente, a lançadeira é uma barra de madeira de faia 1 (Fig. 2.4), nas extremidades da qual estão fixados dedos de aço 2, onde se encontram pinças, que servem para agarrar o fio de trama 3 e o fio de trama 3.
puxando-o pela faringe.

Fig.2.4 Pinça de vaivém modernizada

A parte central da lançadeira está disposta em forma oval para melhor conduzir o fio de trama para as pinças. $^{0}$O ângulo entre a parede posterior e o plano inferior da lançadeira corresponde ao ângulo entre a cana e o deslizamento da batana e é de 90 . As extremidades da barra de madeira e da biqueira são cortadas num ângulo correspondente à posição da trama na secção que vai da parte inferior do tecido até ao olhal do mecanismo de alimentação da trama, o que garante a fiabilidade da captura do fio de trama pelo gancho. Também é possível posicionar a pinça sob a forma de uma haste montada verticalmente na lançadeira. A haste pode ser feita de material rígido ou elástico. Também na haste pode ser montada uma manga 1 facilmente rotativa, em contacto com a utochina para reduzir o atrito entre a utochina e a guia da pinça. Os parâmetros da pinça de vaivém são os seguintes: comprimento total com o dedo do pé - 440 mm;

Altura da parede traseira - 36mm; Altura da parede frontal - 30mm; Largura do gancho - 44mm; Altura da pega - 5mm; Ângulo entre a cana e o cursor - 900; Peso do gancho - 400g. Os mecanismos do tear só podem funcionar corretamente se estiverem coordenados. O funcionamento dos mecanismos é coordenado através de um diagrama de ciclo, de acordo com o qual os mecanismos da máquina são ajustados. O diagrama de ciclo (Fig. 2.5) dá uma ideia do efeito dos mecanismos para duas rotações do eixo principal da máquina.

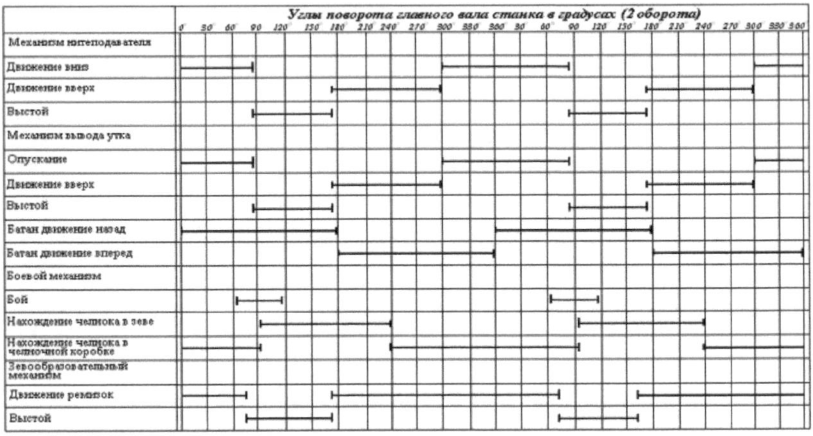

Углы поворота главного вала станка в градусах (2 оборота)

0 30 60 90 120 150 180 210 240 270 300 330 360 30 60 90 120 150 180 210 240 270 300 330 360

Механизм нитеподавателя
Движение вниз
Движение вверх
Выстой
Механизм вывода утка
Опускание
Движение вверх
Выстой
Батан движение назад
Батан движение вперед
Боевой механизм
Бой
Нахождение челнока в зеве
Нахождение челнока в челночной коробке
Зевообразовательный механизм
Движение ремизок
Выстой

Fig.2.5 Diagrama do ciclo de funcionamento dos mecanismos.

O diagrama do ciclo mostra as fases de movimento e de funcionamento do mecanismo de alimentação do fio de trama no gancho, do mecanismo de retirada da trama do gancho, do mecanismo de combate, da batana e do mecanismo de desprendimento. O funcionamento do primeiro e segundo mecanismos depende do diagrama de movimento do remiz, uma vez que os elementos destes mecanismos estão instalados na estrutura do remiznaya. O funcionamento do mecanismo de batane pode ser dividido em duas fases. [0000]A primeira fase é o movimento para trás do batane, que corresponde a 0 a 180, e o movimento para a frente do batane, que corresponde a 180 a 360 rotações do eixo principal da máquina. O funcionamento do mecanismo de combate é efectuado em três fases. [00]A primeira fase é o início e o fim do combate, o que corresponde a 70 a 100 rotações do eixo principal da máquina. [00]A segunda etapa - movimento da lançadeira no galpão com fio de trama, que corresponde a 100 a 240 rotações do eixo principal da máquina. [00]A terceira etapa consiste em colocar a pinça de gancho na caixa da lançadeira de 250 a 100 da rotação seguinte do eixo principal do tear. O mecanismo de desfolhamento também pode ser dividido em três fases. [00]A primeira fase - o movimento do doffer para abrir a cala corresponde de 300 a 180 da volta seguinte do eixo principal do tear. [00]A segunda fase - movimento do tosquiador de 80 a 170 voltas do eixo principal da máquina-ferramenta. [00]A terceira fase é o movimento da guilhotina para fechar o galpão, que corresponde de 170 a 300 da rotação do eixo principal da máquina-ferramenta. O trabalho do mecanismo de alimentação da utochina na pinça do gancho pode ser dividido em três fases. De acordo com o diagrama, o trabalho deste mecanismo corresponde ao trabalho do mecanismo de desbaste. [00] A primeira fase - alimentação do fio de trama, baixando o olho, na linha de captura do gancho, o que corresponde a 300 a 80 a próxima volta do eixo principal da máquina. E o fio de trama de alimentação vem do remizki, baixando exatamente do lado da batalha. $^{00}$A segunda etapa - o olho na posição inferior de 80 a 170 rotação do eixo principal da máquina. $^{00}$A terceira etapa consiste em deslocar o olho para cima, de 170 a 300 rotações do eixo principal da máquina. O ciclo é então repetido para outro olho num enfiador diferente. O trabalho do mecanismo de retirada do fio de trama da lançadeira pode ser dividido em três fases. $^{00}$A primeira fase - movimento descendente com o remizkoy de 300 a 80, que determina o enrolamento livre da trama da bobina, e o momento de captura da lançadeira do fio de trama. $^{00}$A segunda fase - posição inferior de 80 a 170, em que o movimento da lançadeira-agarrador no galpão é a colocação da trama e seu enrolamento livre da bobina. $^{00}$A terceira fase - movimento ascendente com remizka de 170 a 300, o que provoca um aumento da tensão do fio da trama, ou seja, a travagem da trama e o seu deslizamento para fora da pega da lançadeira. Outros mecanismos da máquina de lançadeira AT funcionam sem alterar o diagrama de ciclo, como o mecanismo do garfo de trama, o trocador automático de bobinas, o mecanismo de libertação e tensão da teia, o mecanismo de retirada e enrolamento do tecido, etc. Em suma, deve notar-se que o tear de lançadeira foi modernizado utilizando a natureza do movimento dos carretéis, instalando nos carretéis os mecanismos de alimentação e retirada da trama para a pinça da lançadeira. foram determinados os parâmetros da pinça da lançadeira. foi desenvolvido o diagrama de ciclo de interação dos principais mecanismos da máquina modernizada.

**No terceiro capítulo,** são efectuados os estudos da tensão da trama e do movimento da pinça da lançadeira no galpão. Depois de ter recebido a velocidade máxima durante o período de aceleração na caixa, a lançadeira continua o seu percurso no galpão com uma diminuição constante da velocidade, devido às forças de resistência, abrandando o seu movimento (Fig.3.1). As forças de resistência devem incluir o atrito da lançadeira na urdidura e o deslizamento, o atrito na cana, a resistência do ar, a tensão do fio da trama. Desprezando a resistência do ar e a tensão do fio da trama, consideremos a influência das principais forças que actuam sobre a pinça da lançadeira durante o seu movimento. A pressão exercida sobre a pinça da lançadeira pelo lado da palheta ocorre sob a influência do movimento da batana. $^{00}$Uma vez que o movimento da pinça da laçadeira ocorre durante o período do veio principal de 90 a 270, pode considerar-se que nesta parte da revolução do veio principal a laçadeira é pressionada contra a palheta. A ação das forças de inércia, pressionando a lançadeira para a palheta durante a parte correspondente da rotação da cambota, é essencial para que a pinça da lançadeira faça o seu movimento dentro desta parte da rotação e receba devido a esta força o fecho, guiando-a ao longo da palheta. Por outro lado, a pressão da pinça de gancho sobre a palheta cria fricção entre a parede traseira da pinça de gancho e provoca o desgaste da pinça de gancho e da palheta.

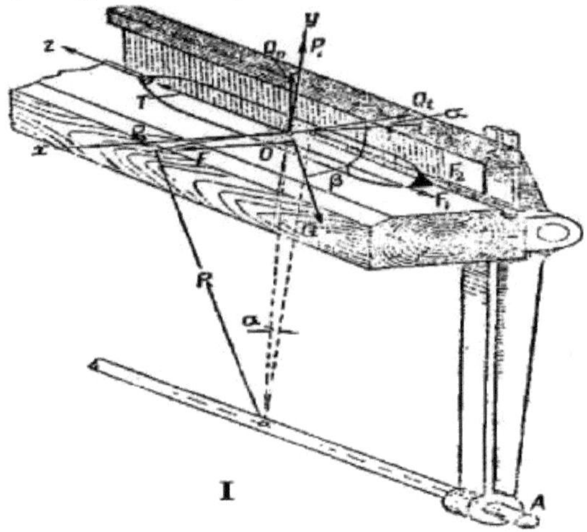

Figura 3. 1. Forças que actuam sobre a pinça de vaivém durante o seu movimento ao longo da mancha.

Para além da aceleração tangencial, a lançadeira tem uma aceleração normal em movimento para a frente, daí a componente normal da força de inércia, ou força centrífuga. Sob a influência destas forças e do peso da pinça da lançadeira, existem forças de reação do lado do deslizamento e da palheta, provocando forças de atrito da pinça da lançadeira contra o deslizamento e a palheta. Let's introduce the following notations: **G** - weight of the shuttle-gripper; $Q_n$ - normal component of inertia force of the shuttle-gripper in its transfer motion, i.e. centrifugal force; **Qt** - normal component of inertia force of the shuttle-gripper in its transfer motion, i.e. força centrífuga; $Q_t$ - componente tangencial da força de inércia no movimento portátil; $F_1$ - forças de atrito da pinça-guia sobre os fios da teia no seu movimento portátil; **F2** - forças de atrito da pinça-guia sobre a palheta no movimento relativo da pinça-guia; **f1** - coeficiente **de atrito** da pinça lançadeira contra o fio da urdidura; **f2** - coeficiente **de atrito** da pinça lançadeira contra a palheta; $\omega$ - velocidade angular da batana; **a** - aceleração da pinça lançadeira; $a_p$ - aceleração normal no movimento de transferência da pinça lançadeira; $a_t$ - aceleração tangencial no movimento de translação da lançadeira-agarra; $a_r$ - aceleração do movimento relativo da lançadeira-agarra; $a_k$ - aceleração de Coriolis; $P_i$ - força de reação do escorregamento da bataan, perpendicular ao plano do escorregamento; **P2** - força de reação da palheta, perpendicular ao plano da palheta; **T** - força de inércia no movimento relativo da lançadeira sobre o escorregamento da bataan; **m** - massa da lançadeira; **R** - distância do centro de gravidade da lançadeira ao eixo de rotação da bataan. As forças aplicadas à lançadeira-captura estão representadas na Fig. 3.1, sendo as componentes da força de inércia do movimento de transferência da lançadeira $Q_t$ e $Q_n$ aplicadas no centro de gravidade. $a_k = 2 \cdot [\vec{\omega} \cdot \vec{\upsilon}_r] = 0,$ Supondo que a lançadeira-captura se desloca ao longo da encosta na direção paralela ao eixo de rotação da batana, obtemos neste caso a aceleração de Coriolis igual a zero, ou seja, *(3.1), uma vez que o* produto vetorial *[ω- $_{ur}$]* é igual a

$\vec{\omega}$ $\vec{\upsilon}_r$ zero devido ao paralelismo dos vectores e, portanto, a força de inércia de Coriolis no caso considerado está ausente. Levemos o sistema de forças considerado para o centro de gravidade do vaivém. $\vec{R}$ Obviamente, o vetor principal do sistema, de acordo com o princípio de Dalembert, será igual a zero, ou seja

$$\vec{R} = \vec{G} + \vec{P}_1 + \vec{P}_2 + \vec{F} + \vec{F}_1 + \vec{F}_2 + \vec{Q}_n + \vec{Q}_t + \vec{T} = 0 \qquad (3.2)$$

Nesta equação: $G = mg,\ F = f1\ P_1,\quad _{22}F2 = f\,P\,,\ Q_n = m\omega 2R,$

$Qt = mR\ d\omega / dt,\ T = {}_{mor},\ F_1 = f1\ P_1.$

Introduzimos o sistema de coordenadas ox, oy, oz; a direção do eixo ox é perpendicular ao plano da cana, oy - perpendicular ao plano da laje, e oz - na direção da velocidade relativa do vaivém. Este sistema de coordenadas é retangular, assumindo que os planos da cana e do slalom são mutuamente perpendiculares. Tendo projetado a igualdade (3.2) nos eixos, obtemos:

$R_x = P2 + F + Q_t \cos\alpha + Q_n \sin\alpha - G\cos\beta = 0$ (3.3)

$R_y = P1 + Qn\cos\alpha - G\sin\beta + Qt\sin\alpha = 0$(3.4).

$Rz = - Fi - F2 + T = 0$(3.5)

Resulta das equações (3.3) e (3.4):

$P1 = G\sin\beta - Qn\cos\alpha - Qt\sin\alpha$(3.6)

$_2P = G\cos\beta + Qt\cos\alpha - Qt\sin\alpha - F$(3.7)

$fi\ P_i = fi\ (G\sin\beta - Qn\cos\alpha - Qt\sin\alpha)$ (3.8)

Assim: $P2 = G\cos\beta + Qt\cos\alpha - Qt\sin\alpha - {}_{fi}(G\sin\beta - Qn\cos\alpha - Qt\sin\alpha) = =$

$= G\,(\cos\beta - fi\sin\beta) - (Qn - fi\ Qt)\sin\alpha + (Qt + fi\ Q_n)\cos\alpha;$

$_{22}$então: $F2 = f\,P2 = f\,[G\,(\cos\beta - fi\,\sin\beta) - (Qn - fi\ Q_t)\ sind + Q + f\ Q_n)\ coso.]$ (3.9)

Durante o período de movimento da lançadeira no galpão, o bateau move-se com velocidade angular insignificante em torno de sua posição traseira. Portanto, a magnitude da força centrífuga da lançadeira $Q_n = \omega 2R$ pode ser desprezada. Além disso, o ângulo α é muito pequeno, e podemos tomar cosα =1, sina. Com base nisto teremos:

$$P_i = G\sin\beta \qquad (3.10)$$

$$P2 = G\,(\cos\beta - fi\cos\alpha) + Q_t \qquad (3.11)$$

Das equações (3.10) e (3.11) resulta que a intensidade das forças $P_1$ e $P_2$ depende do ângulo β, que varia com o ângulo de rotação da cambota φ, medido a partir do ponto morto frontal da cambota. Portanto, seria possível expressar $P_1$ e $P_2$ analiticamente como funções do ângulo φ de rotação do eixo principal. Podemos considerar que a magnitude da força $P_1$ é aproximadamente igual ao peso da lançadeira, e a força ***P2*** é igual a m^at para o período de movimento da lançadeira no galpão. 2Tendo em conta a igualdade (3.5), a equação básica da dinâmica para o movimento da lançadeira no escorregamento pode ser escrita na forma: im12 z / d t = - F1 - F2 (3.12).

Substituindo na última equação **d2z/dt2** por **dV/dt** e multiplicando a parte esquerda por **dz/dz** obtemos

$$m\frac{dV_2}{dt}\cdot\frac{dz}{dz}=-F_1-F_2;$$

$$mVdV = -(F_1+F_2)\,dz,$$

Integrando as duas partes da equação, obtém-se:

$$m\frac{V_2-V_1}{2}=\int_{z_1}^{z_2}(F_1+F_2)dz.$$

Considerando as forças $F1=f1\,P_1$, $F2=f2\,P_2$

Constante em magnitude, obtém-se:

$$m\frac{V_2-V_1}{2}=-(F_1+F_2)(z_2-z_1)=-(F_1+F_2)S,$$

em que S é o caminho percorrido pelo vaivém no pavilhão.

$$2[-(F_1+F_2)S]=(V_2-V_1)m$$

$$\frac{2[-(F_1+F_2)S]}{m}=V_2-V_1$$

$$V_2=V_1-2S(F_1+F_2)/m \qquad (3.13)$$

Tendo determinado, pelo método acima descrito, as forças Pi e P2 e, portanto, a soma das forças $F_1+F_2$, utilizando a equação (3.13), a velocidade da lançadeira em qualquer local do seu movimento no pavilhão. 22 2 1 11112222A Tabela 3.1 mostra o cálculo da velocidade da lançadeira no galpão a fi=f-=0,2; t=0,041kg; P1=0,4kg; at=5m/seg a V^^M/seg; at=3m/seg a V =10 m/seg; at=1m/seg a V =5 m/seg, F =f P ; F =f P =f mat

Tabela 3.1.

| № | Velocidade da pinça de vaivém V1, m./seg | Velocidade da pinça de vaivém no galpão, m/s | | | | |
|---|---|---|---|---|---|---|
| | | O caminho percorrido pelo apanhador de vaivém no bocejo, м | | | | |
| | | 0,2 | 0,4 | 0,6 | 0,8 | 0,10 |
| 1 | 15 | 14,4 | 13,8 | 13,2 | 12,6 | 12,0 |

| 2 | 10 | 9,0 | 7,9 | 6,9 | 5,9 | 4,9 |
|---|---|---|---|---|---|---|
| 3 | 5 | 4,2 | 3,3 | 2,5 | 1,6 | 0,7 |

A Fig. 3.2 mostra os gráficos de variação da velocidade da pinça no galpão em função do trajeto percorrido por ela ao longo da largura da máquina de preparação.

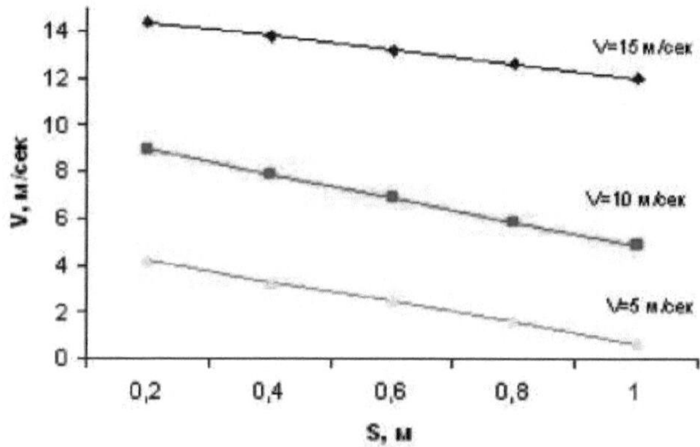


Fig.3.2 Gráficos da variação da velocidade da pinça de vaivém no galpão em função do trajeto por ela percorrido ao longo da largura da máquina de preparação.

A força *de atrito* $f_1P_1 = F_1$ cria um binário em relação ao centro de gravidade do gancho igual a M1=F1b (2b - altura do gancho), sob a influência do qual a uniformidade da distribuição da pressão sobre o gancho a partir do lado do aperto da batana é perturbada: a pressão sobre a parte anterior do gancho aumenta e sobre a parte posterior diminui. Por conseguinte, a parte inferior do gancho é mais desgastada nas extremidades do que no centro. A Fig.3.3 mostra uma distribuição aproximada da pressão no plano inferior do gancho ao longo da curva mn em vez da distribuição uniforme assumida. A equidistância desta pressão, obviamente, passará à esquerda do centro de gravidade da lançadeira. O momento da equidistância $P_1$ equilibrará o momento M1=F1 b, ou seja.

$_iPipi = F_1 b$ ou: $Pipi = fi\ P\ b$. Onde $p_i$- ***desvio da*** força $P_i$ em relação ao centro de gravidade ***da*** lançadeira. Reduzindo por $P_1$, obtém-se: $p1 = f1\ b$ (3.14)

A última igualdade mostra que o valor do desvio $p_i$ da força igual a partir do centro de gravidade do gancho e, por conseguinte, a junção uniforme do gancho ao deslizamento, depende da altura do gancho: quanto menor for P, mais uniforme será distribuída a pressão do gancho sobre os fios da teia.

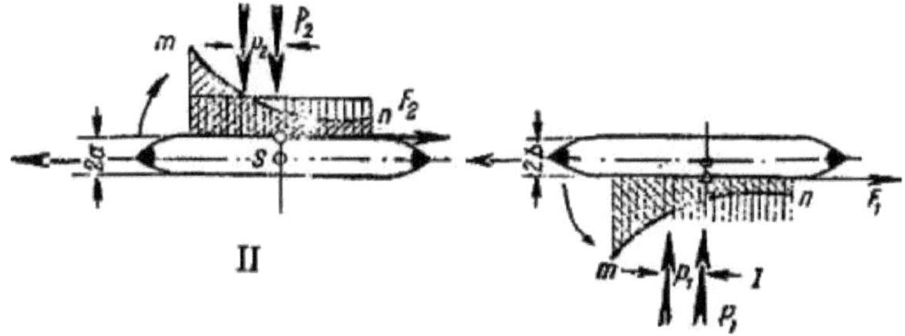


Fig.3.3 Influência das forças de atrito no movimento do vaivém

Da ação da força de fricção F2 resulta um momento F2 (2a - largura do gancho), sob a influência do qual a uniformidade da distribuição da pressão do lado da cana é perturbada; a pressão na parte de trás do gancho diminui, na parte da frente - aumenta (Fig.3.3). Tal como no caso anterior, a equidistância da pressão sobre a lançadeira a partir da cana desloca-se do centro de gravidade para a esquerda na direção do movimento da lançadeira. Da condição de equilíbrio resulta: *P2 p2=F2 a, P2P2 = f2Pa,* ***p2 = f2a,*** (3.15). (***em queP2*** - desvio da força $p_2$ em relação ao centro de gravidade da lançadeira), ou seja, o desvio $p_2$ em relação ao centro de gravidade da lançadeira é determinado pelo coeficiente de atrito $f_2$ e pela largura da lançadeira 2a: quanto mais larga for a lançadeira, mais desigual será a distribuição da sua pressão sobre a palheta, mais as extremidades da lançadeira serão acionadas e mais forte será o desgaste da palheta. A partir das equações (3.14) e (3.15), podemos concluir: quanto menor for a altura e a largura da pinça da lançadeira, mais correto e estável será o seu movimento. Nos estudos acima referidos, não foi tida em conta a influência da tensão da trama no voo da pinça de lançadeira, porque na maioria dos casos de funcionamento do tear esta influência não é grande. No entanto, pode ser bastante importante quando se utiliza um número reduzido de fios de trama. Nestes casos, não é raro ver a lançadeira voar para fora da calha sob a influência da tensão do fio de trama e da fixação instantânea do fio na pinça de lançadeira em movimento. Além disso, pode verificar-se um deslizamento do fio das pinças e a sua perda no galpão. A Fig.3.4 mostra três direcções possíveis do fio de trama em relação ao centro de gravidade da lançadeira. Assumimos que a tensão do fio de trama é dirigida ao longo do fio. Na posição I, a tensão do fio produz um momento que faz girar o gancho na direção da seta e aumenta a pressão sobre o caniço da extremidade dianteira do gancho. A menor pressão da extremidade dianteira do gancho contra a cana é transferida para a posição III.

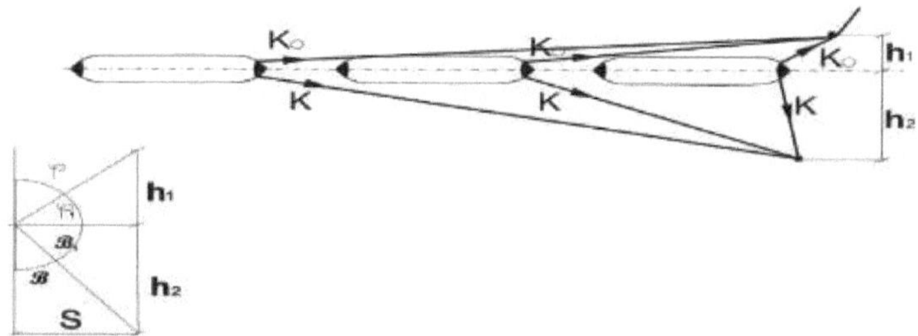


Fig.3.4 Esquema do movimento da pinça do gancho no galpão: onde S - o valor do movimento da pinça do gancho; K0 - a força de entrada da tensão do fio; K - a força de saída da tensão do fio; h1 - a distância da cana à ponta do gancho; h2 - a distância da ponta à borda do tecido.

De acordo com L. Euler, a relação entre os ramos de entrada ($K_0$) e de saída (K) tem a seguinte expressão e depende do ângulo de atrito ($\alpha$) e do coeficiente de atrito do fio nas guias da lançadeira.

$$K_o = K_o \, exp(fa) \quad (3.16)$$

De acordo com a Fig.3.4, o ângulo de atrito $\alpha$ é definido por $\alpha = \varphi + \beta$ (3.17) $^0$donde $\varphi = (90 - \varphi_1)$ (3.18), $\beta = (900 - \beta_1)$ (3.19), $tg\,\varphi_1 = h1/S$ (3.20), $tg\beta i = h?/S$ (3.21). Tendo em conta que os valores de hi, **h2** são constantes e podem ser determinados de forma prática na máquina de enchimento Sh=22mm, h2=128mm, e o valor S do deslocamento da pinça da laçadeira no galpão, é possível determinar os valores dos ângulos $\varphi$, $\varphi_1$, $\beta$, $\beta_1$ e eventualmente o ângulo de atrito $\alpha$ da pia sobre a pinça da laçadeira. A tabela 3.2. apresenta os resultados dos cálculos dos ângulos $\varphi$, $\varphi_1$, $\beta$, $\beta_1$ e do ângulo de atrito do fio $\alpha$ sobre as guias em função da posição da pinça-gancho no galpão.

Tabela 3.2.

Resultados dos cálculos dos ângulos $\varphi$, $\varphi_1$, $\beta$, $\beta_1$ e do ângulo de atrito do fio $\alpha$ em relação às guias na
em função da posição da pinça de vaivém no galpão.

| № | Ângulos, em graus | Movimento de vaivém no galpão, m. | | | | | | |
|---|---|---|---|---|---|---|---|---|
| | | 0 | 0,1 | 0,2 | 0,4 | 0,6 | 0,8 | 1,0 |
| 1 | $\varphi_1$ | 90 | 12 | 6 | 3 | 2 | 2 | 1 |
| 2 | $\varphi$ | 0 | 78 | 84 | 87 | 88 | 88 | 89 |
| 3 | ß1 | 90 | 52 | 33 | 18 | 12 | 9 | 7 |
| 4 | $\beta$ | 0 | 38 | 57 | 72 | 78 | 81 | 83 |
| 5 | $\alpha$ | 0 | 116 | 141 | 159 | 166 | 169 | 172 |

A análise do quadro 3.2 mostra que o ângulo máximo de atrito da trama contra o punho do gancho ocorre na saída do gancho do galpão. A fórmula de Euler (3.16) dá a mesma tensão de fio ***K*** para um dado ângulo de circunferência $\alpha$ e a tensão do ramo de entrada **K0** independentemente da forma do punho guia onde o fio se encontra. Por exemplo, para grandes cilindros com diâmetros diferentes e com os mesmos ângulos de circunferência, a tensão ***K*** é a mesma. É evidente que a tensão da rosca não pode ser a mesma para diferentes formas da guia do cilindro ao longo da qual a rosca está disposta. Ela pode ser maior para algumas formas de cilindro e menor para outras. Consideremos as variantes quando as guias dos cilindros são rectas e circulares. Tendo em conta algumas alterações que efectuámos nas fórmulas, temos. Para uma rosca que desliza sobre um plano, temos

$$K=K_o + K_n l f \qquad (3.22)$$

em que: $K_o$ - tensão da trama do fio que entra; $K_n$ - rigidez do fio de trama, dependendo do tipo de fibra e da densidade linear do fio, cN/mm; ***l*** - comprimento do fio que desliza na guia da pinça do gancho mm; ***f*** - coeficiente de atrito do fio no cilindro guia do cilindro do gancho.

Um fio de comprimento ***l***, igual ao produto do raio de atrito r pelo ângulo de atrito α, a deslizar sobre um plano tem uma tensão $K_{zp}$,

$K_{zp}= K_n + f = K_n \cdot r \cdot l \cdot \alpha f$ (3.23)

Consequentemente, a tensão da chumbada no ramo de fuga ao deslizar no plano tem a forma $K = C_o + K_{zp}$ (3.24)

Um fio de comprimento l, deslizando ao longo da circunferência no arco de cobertura igual a ***r- l***, tem tensão

$K_{30} =$

$$K_{30} = \frac{2 \cdot K_H \cdot r \cdot f}{1+f^2}\left(exp f \cdot \alpha + \frac{1-f^2}{2 \cdot f} \cdot sin\, \alpha - cos\, \alpha\right) \qquad (3.25)$$

A tensão de afundamento no ramo em fuga, à medida que este desliza ao longo da circunferência, tem a seguinte forma $K = C_o + K_{zo}$ (3.26)

Em $\alpha=\pi$, a tensão adicional do fio causada pela ação da lançadeira é $K_{zp} = K_n \cdot g\, \pi \cdot f$ (3.27)

$$K_{30} = \frac{2 \cdot K_H \cdot r \cdot f}{1+f^2}(exp f \cdot \alpha + 1) \qquad (3.28)$$

Em seguida, traça-se (Fig. 3.5) o gráfico da variação da tensão adicional da chumbada em função do ângulo de atrito. No cálculo das equações (3.27) e (3.28), ππππππ π

Aceite: $f$=0,2; $\alpha=\pi, \frac{\pi}{2}, \frac{\pi}{4}, \frac{\pi}{6}, \frac{\pi}{8}, \frac{\pi}{10}$.

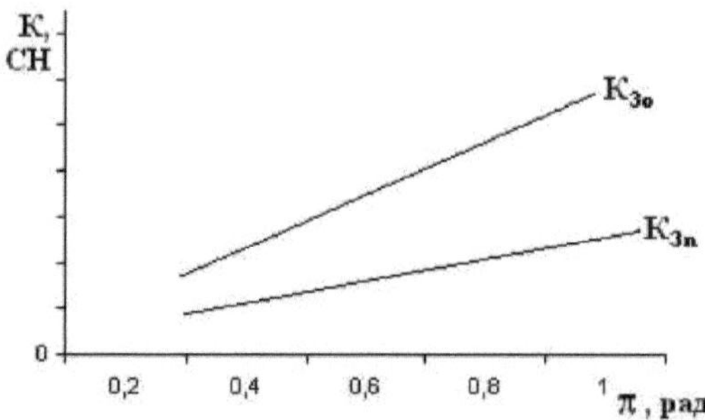


Fig. 3.5. Gráfico da variação da tensão adicional da chumbada em função do ângulo de atrito.

Da Fig. 3.5 resulta que, consoante o tipo de guia (plano ou cilíndrico) através da qual o fio é lançado, obtemos valores diferentes de tensão do fio para o mesmo valor de rigidez do fio, raio de atrito, coeficiente de atrito e tensão inicial (no ramo de corrida do fio). Para um fio que desliza sobre um plano, a tensão da chumbada é menor do que para um fio que desliza sobre um círculo. As tabelas 3.3 - 3.5 mostram os resultados dos cálculos da tensão da chumbada no gancho e no ramo em movimento quando o fio se desloca num plano, num cilindro fixo e num cilindro rotativo, dependendo do raio de atrito, do ângulo de atrito e do coeficiente de atrito do fio,

com uma rigidez de 10sn/mm (densidade linear do fio de 320 tex). Os valores do coeficiente de atrito foram obtidos de acordo com estudos experimentais. A análise dos quadros 3.3-3.5 mostra que é aconselhável utilizar como pinça o fio de trama no cilindro rotativo da lançadeira. Uma vez que é impossível realizar o movimento do fio de trama no plano como uma pinça da trama na lançadeira, e o movimento do fio no cilindro fixo cria um grande efeito de travagem na trama, o que pode causar o deslizamento prematuro da trama da pinça ou alterar a trajetória da lançadeira.

Tabela 3.3.

Influência do ângulo e do coeficiente de atrito na tensão do fio quando este se desloca

ao longo do plano. Quando o raio de atrito r=1.

| № | Tensão Utochiny, CH | Coeficiente de atrito do fio contra o punho do gancho, f | $^{\alpha}$Ângulo de atrito do sumidouro contra a pinça, , graus. | | | | | |
|---|---|---|---|---|---|---|---|---|
| | | | 116 | 141 | 159 | 166 | 169 | 172 |
| 1 | No punho do vaivém | 0,19 | 3,5 | 4,2 | 4,7 | 5,0 | 5,1 | 5,2 |
| | | 0,28 | 5,1 | 6,2 | 7,0 | 7,4 | 7,5 | 7,6 |
| 2 | No ramo descendente do fio | 0,19 | 8,5 | 9,2 | 9,7 | 10,0 | 10,1 | 10,2 |
| | | 0,28 | 10,1 | 11,2 | 12,0 | 12,4 | 12,5 | 12,6 |

No raio de atrito r=2

| | | | | | | | | |
|---|---|---|---|---|---|---|---|---|
| 1 | No punho do vaivém | 0,19 | 6,9 | 8,4 | 9,5 | 10,0 | 10,1 | 10,3 |
| | | 0,28 | 10,2 | 12,4 | 14,0 | 14,7 | 14,9 | 15,1 |
| 2 | No ramo descendente do fio | 0,19 | 11,9 | 12,4 | 14,5 | 15,0 | 15,1 | 15,3 |
| | | 0,28 | 15,2 | 17,4 | 19,0 | 19,7 | 19,9 | 20,1 |

Com raio de atrito r=3

| | | | | | | | | |
|---|---|---|---|---|---|---|---|---|
| 1 | No punho do vaivém | 0,19 | 10,4 | 12,6 | 14,3 | 15,0 | 15,1 | 15,4 |
| | | 0,28 | 15,3 | 18,5 | 21,1 | 22,1 | 22,4 | 22,7 |
| 2 | No ramo descendente do fio | 0,19 | 15,4 | 17,6 | 19,3 | 20,0 | 20,1 | 20,4 |
| | | 0,28 | 20,3 | 23,5 | 26,1 | 27,1 | 27,4 | 27,7 |

Com raio de atrito r=4

| | | | | | | | | |
|---|---|---|---|---|---|---|---|---|
| 1 | No punho do vaivém | 0,19 | 13,8 | 16,8 | 19,0 | 20,0 | 20,2 | 20,6 |
| | | 0,28 | 20,4 | 24,8 | 28,0 | 29,4 | 29,8 | 30,2 |
| 2 | No ramo descendente do fio | 0,19 | 18,8 | 21,8 | 24,0 | 25,0 | 25,2 | 25,6 |
| | | 0,28 | 25,4 | 29,8 | 33,0 | 34,0 | 34,8 | 35,2 |

Influência do ângulo e do coeficiente de atrito na tensão da rosca quando esta se desloca sobre um cilindro estacionário. Quando o raio de atrito r=1.

| № | Tensão Utochiny, CH | Coeficiente de atrito da linha contra o punho do gancho, f | $^{\alpha}$Ângulo de atrito do sumidouro contra a pinça, , graus. | | | | | |
|---|---|---|---|---|---|---|---|---|
| | | | 116 | 141 | 159 | 166 | 169 | 172 |
| 1 | No punho do vaivém | 0,19 | 5,6 | 9,7 | 12,2 | 13,0 | 13,4 | 13,7 |
| | | 0,28 | 7,9 | 12,6 | 15,7 | 16,9 | 17,4 | 17,8 |
| 2 | No ramo descendente do fio | 0,19 | 10,6 | 14,7 | 17,2 | 18,0 | 18,4 | 18,7 |
| | | 0,28 | 12,9 | 17,6 | 20,7 | 21,9 | 22,4 | 22,8 |
| | | No raio de atrito r=2 | | | | | | |
| 1 | No punho do vaivém | 0,19 | 11,1 | 19,4 | 24,4 | 26,1 | 26,7 | 27,3 |
| | | 0,28 | 15,7 | 24,7 | 31,4 | 33, | 34,7 | 35,6 |
| 2 | No ramo descendente do fio | 0,19 | 16,1 | 24,4 | 29,4 | 31,1 | 31,7 | 32,3 |
| | | 0,28 | 20,7 | 29,7 | 36,4 | 38,8 | 39,7 | 40,6 |
| | | Com raio de atrito r=3 | | | | | | |
| 1 | No punho do vaivém | 0,19 | 16,7 | 29,2 | 36,7 | 39,2 | 40,2 | 41,1 |
| | | 0,28 | 23,6 | 37,1 | 47,2 | 50,8 | 52,2 | 53,5 |
| 2 | No ramo descendente do fio | 0,19 | 21,7 | 34,2 | 41,7 | 44,2 | 45,2 | 46,1 |
| | | 0,28 | 28,6 | 32,1 | 52,2 | 55,8 | 57,2 | 58,5 |
| | | Com raio de atrito r=4 | | | | | | |
| 1 | No punho do vaivém | 0,19 | 22,2 | 38,8 | 48,8 | 52,2 | 53,4 | 54,6 |
| | | 0,28 | 31,4 | 49,4 | 62,8 | 67,6 | 69,4 | 71,2 |
| 2 | No ramo descendente do fio | 0,19 | 27,2 | 43,8 | 53,8 | 57,2 | 58,4 | 59,6 |
| | | 0,28 | 36,4 | 54,4 | 67,8 | 72,6 | 74,4 | 76,2 |

Tabela 3.5.

Influência do ângulo e do coeficiente de atrito na tensão da rosca quando esta se desloca num cilindro rotativo. Quando o raio de atrito r=1.

| № | Tensão Utochiny, CH | Coeficiente de atrito da linha contra o punho do gancho, f | $^{\alpha}$Ângulo de atrito do sumidouro contra a pinça, , graus. | | | | | |
|---|---|---|---|---|---|---|---|---|
| | | | 116 | 141 | 159 | 166 | 169 | 172 |
| 1 | No punho do vaivém | 0,04 | 4,1 | 7,4 | 8,9 | 9,4 | 9,5 | 9,6 |
| 2 | No ramo descendente do fio | 0,04 | 9,1 | 12,4 | 13,9 | 14,4 | 14,5 | 14,6 |
| | | No raio de atrito r=2 | | | | | | |
| 1 | No punho do vaivém | 0,04 | 8,2 | 14,7 | 17,8 | 18,7 | 19,0 | 19,2 |
| 2 | No ramo | 0,04 | 13,2 | 19,7 | 22,8 | 23,7 | 24,0 | 24,2 |

| | descendente do fio | | | | | | | |
|---|---|---|---|---|---|---|---|---|

Com raio de atrito r=3

| | | | | | | | | |
|---|---|---|---|---|---|---|---|---|
| 1 | No punho do vaivém | 0,04 | 12,3 | 22,2 | 26,7 | 28,2 | 28,5 | 28,8 |
| 2 | No ramo descendente do fio | 0,04 | 17,3 | 27,2 | 31,7 | 33,2 | 33,5 | 33,8 |

Com raio de atrito r=4

| | | | | | | | | |
|---|---|---|---|---|---|---|---|---|
| 1 | No punho do vaivém | 0,04 | 16,4 | 29,6 | 35,6 | 37,6 | 38,0 | 38,4 |
| 2 | No ramo descendente do fio | 0,04 | 21,4 | 34,6 | 40,6 | 42,6 | 43,0 | 43,4 |

Para realizar a experiência (Fig. 3.6), utilizámos guias 1 de diferentes diâmetros (cilindros), uma rosca 5 e um extensómetro portátil com mola 2. O método de realização da experiência é o seguinte. O fio 5 foi lançado sobre os órgãos-guia 1, um peso foi suspenso numa extremidade do fio e a outra extremidade do fio foi suspensa na alavanca do extensómetro 2, que foi movido uniformemente pelo botão 4 e levou o fio ao estado de deslizamento uniforme sobre o cilindro (órgão-guia). Na escala do extensómetro, anotou-se a magnitude da carga no momento do deslizamento uniforme da rosca. A leitura do extensómetro corresponde à tensão do ramo condutor da rosca ensaiada (***K***), e o valor da carga suspensa na outra extremidade da rosca corresponde à tensão do ramo escravo (***Ko***).

Fig.3.6.

O valor do coeficiente de atrito foi calculado com base na fórmula de L. Euler:

$$f = \frac{\lg K - \lg K_o}{\alpha \cdot \lg e}$$

As experiências foram efectuadas com um ângulo de atrito constante igual a 1800, ou seja, $\alpha=\pi$ O quadro 3.6 apresenta os resultados do cálculo do coeficiente de atrito para diferentes superfícies de atrito com $C_o=5gr$ e $\alpha=\pi$, densidade linear do fio 320 tex. A Tabela 3.6 mostra que, no início do deslizamento do fio, a superfície correspondente ao coeficiente de atrito em repouso em todas as variantes da experiência é superior aos valores do coeficiente de atrito em movimento correspondentes ao estado do par de atrito (fio-superfície) de movimento uniforme. O valor mais pequeno do coeficiente de atrito ocorre quando se utiliza a superfície do cilindro rotativo e o maior quando se utiliza a superfície de borracha do cilindro estacionário.

Tabela 3.6.

Resultados do cálculo do coeficiente de atrito para diferentes superfícies de atrito.

| № | Superfície de fricção | Condição do par de fricção | Leitura do extensómetro, gr | Coeficiente de atrito do fio contra a superfície |
|---|---|---|---|---|
| 1 | Cilindro rotativo, superfície de plástico-metal | movimento uniforme | 5,5 | 0,04 |
| | | em movimento, em repouso | 6,0 | 0,07 |
| 2 | Superfície plana e fixa do cilindro Superfície de plástico-metal | movimento uniforme | 8,0 | 0,19 |
| | | em movimento, em repouso | 8,7 | 0,23 |
| 3 | Superfície plana e fixa do cilindro Superfície de plástico-metal | movimento uniforme | 10,0 | 0,28 |
| | | em movimento, em repouso | 15,0 | 0,45 |
| 4 | Borracha de superfície plana e estacionária do cilindro | movimento uniforme | 20,0 | 0,56 |
| | | em movimento, em repouso | 25,0 | 0,66 |

Em resumo, observamos o seguinte obtiveram-se as leis do movimento da lançadeira-captura no galpão; obtiveram-se as equações da tensão do fio de trama que desliza no plano, na circunferência dos cilindros fixos e móveis, tendo em conta a rigidez da trama, o raio, o ângulo e o coeficiente de atrito; é conveniente utilizar o cilindro móvel como pinça na lançadeira; são determinados os valores do ângulo de atrito da chumbada em relação ao punho em função da posição da pinça da lançadeira no galpão; são desenvolvidos um suporte e um método de determinação do coeficiente de atrito da chumbada em relação ao punho da lançadeira em função da forma, das dimensões e dos estados das superfícies de atrito do punho da lançadeira; o aumento do raio de atrito do fio em relação ao punho da lançadeira leva a um aumento da tensão da chumbada.

**O capítulo 4** resume as propriedades físicas, mecânicas, higiénicas e de consumo dos tecidos e mostra a estrutura do tecido e das ourelas.

A estrutura do tecido produzido no tear modernizado do tipo AT-100 é apresentada na Fig. 4.1.

Fora do carretel Fora do carretel

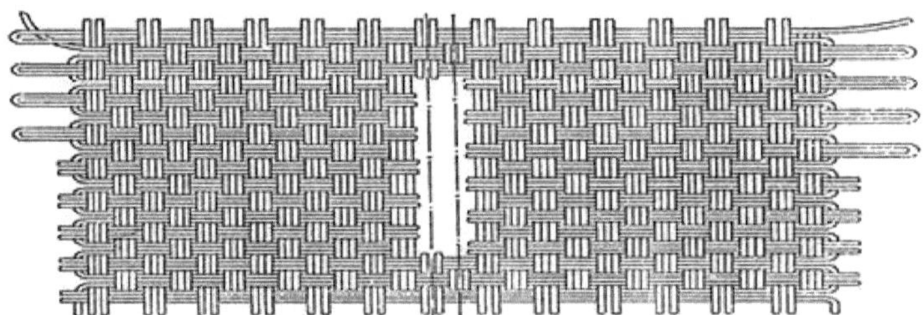

Figura 4.1. Estrutura do tecido e dos bordos

Em cada movimento do gancho, dois fios de trama paralelos são introduzidos na cala. A colocação é feita alternadamente - de uma e de outra bobina, cujos fios podem ser iguais ou diferentes, consoante o sortido que está a ser produzido. A trama dupla colocada a partir de uma bobina termina com um laço largado pela lançadeira. Este fio de enchimento é enrolado à volta do fundo com outra trama proveniente de outra bobina e termina igualmente num laço no lado oposto do tecido em relação à bobina. Esta estrutura de ourela proporciona resistência e evita que os fios de urdidura dos bordos se desenrolem para fora do tecido. Os quadros 4.1-4.2 apresentam as propriedades físicas e mecânicas das ourelas dos tecidos produzidos no tear básico e no tear modernizado

Tabela 4.1.

Propriedades físicas e mecânicas de uma tira de tecido com ourela.

| № | Amostras | Densidade do tecido | | Carga de rutura, em kG | Alongamento em % | Rendimento do fio em % | | Força de rutura por 1 cm de largura, em kg |
|---|---|---|---|---|---|---|---|---|
| | | Com base em | Sobre o pato | | | Com base em | Sobre o pato | |
| 1 | Com rebordo liso | 87 | 90 | 39,0 | 18,0 | 17,5 | 6,1 | 7,9 |
| 2 | Com rebordo produzido numa máquina modernizada | 87 | 92 | 38,3 | 15,5 | 15,6 | 3,7 | 7,86 |

<u>Resultados do ensaio de cisalhamento do tecido.</u>

| № | Amostras | Força aplicada em kg | Número de threads deslocadas | Força de rosca simples | Resultado |
|---|---|---|---|---|---|

|  |  |  |  | em kg |  |
|---|---|---|---|---|---|
| 1 | Fundo de tecido | 4,3 | 8 | 0,56 | Mudança de linha |
| 2 | Borda com franjas | 33,2 | - | - | Rutura |
| 3 | Bordo com franja aparada | 30,2 | - | - | Rutura |

O quadro 4.1 mostra que a ourela do tecido produzido num tear com um feixe de trama fixo pode suportar as mesmas forças de rasgamento que a ourela de um tecido produzido num tear convencional. O quadro 4.2 mostra que no ensaio de cisalhamento da borda (espalhamento dos fios principais) não ocorre cisalhamento, mas obtém-se um rasgo. A magnitude das forças para o corte dos fios principais na ourela é 7-8 vezes superior às forças necessárias para o corte dos fios no fundo. Também no trabalho foram trabalhadas e determinadas as propriedades do tecido. Foram produzidas três amostras de tecidos, em que o fio principal de densidade linear T=280 tex foi utilizado na primeira variante, em duas dobras **T=280** texx2, em três dobras T=280 **tex3**, em quatro dobras T=280 **tex4**, e os outros parâmetros do tecido permaneceram inalterados. O quadro 4.3 apresenta o cálculo do enchimento dos tecidos.

Tabela 4.3.

Cálculo do enchimento do tecido.

| № | Nome | Unidade. | Opções de produção de tecidos |  |  |
|---|---|---|---|---|---|
|  |  |  | 1 | 2 | 3 |
| 1 | Largura da palheta | cm | 100 | 100 | 100 |
| 2 | Densidade linear da teia | Tex | 280/2 | 280/3 | 280/4 |
| 3 | Densidade linear da trama | Tex | 320/2 | 320/3 | 320/4 |
| 4 | Densidade do tecido na base | n/dm | 40 | 40 | 40 |
| 5 | Densidade da trama | n/dm | 40 | 40 | 40 |
| 6 | Número de fios na teia | fio | 400 | 400 | 400 |
| 7 | Número de remises num reabastecimento | peça | 2 | 2 | 2 |
| 8 | Número Reed | Dente/dm | 40 | 40 | 40 |
| 9 | Densidade da superfície do tecido | Gr/m² | 545 | 678 | 805 |
| 10 | Trabalho com base em | % | 18,6 | 16,3 | 13,1 |
| 11 | Acabamento em trama | % | 5,6 | 8,0 | 11,2 |

Tabela 4.4.

Parâmetros de enfiamento da máquina para a produção de novos tecidos.

| № | Nome dos parâmetros | Unidade. | indicadores |
|---|---|---|---|
| 1 | Posição do escalo em relação ao esterno | mm | +30 |
| 2 | Altura da palheta | mm | 70 |

| 3 | Faringe anterior | mm | 160 |
|---|---|---|---|
| 4 | Faringe posterior | mm | 440 |
| 5 | Valor da margem | mm | 40 |

Os parâmetros de enfiamento para o novo tecido são apresentados no quadro 4.4. No sistema de tecelagem modernizado, cada rotação da pinça da lançadeira corresponde à inserção de dois fios de trama no galpão, terminando em laços atrás da borda do tecido, que depois de formados (ver Fig. 4.1) vão para as tramas.

Os graus da trama são determinados

$$Y = \frac{l}{B + l} \cdot 100\% \qquad (1)$$

em que: ***l** é* o comprimento do laço de trama; **B** é a largura da dobra do tecido na cana.

A equação (1) mostra que quanto maior for a largura de ajuste da cana do tecido, menor será o encurtamento e vice-versa. O comprimento do laço de trama em cada borda é de 30-50 mm, pelo que, com uma largura de trabalho de 100 cm na cana para ambas as bordas do tecido, o encurtamento será:

$$Y = \left[\frac{30 \cdot 2}{1000 + 60} \cdots \cdot \frac{50 \cdot 2}{1000 + 100}\right] \cdot 100 = 5{,}6 \div 9\%$$

O quadro 4.5 mostra os diagramas de carga-alongamento para os fios de teia de densidade linear 280tex, 280texx2, 280texx3 e 280texx4, com base nos diagramas de carga-alongamento, e a figura 4.3 mostra os diagramas de carga-alongamento para os fios de trama de densidade linear 320tex, 320texx2, 320texx3 e 320texx4..3 Os diagramas de carga-alongamento para fios de trama de densidade linear 320tex, 320texx2, 320texx3 e 320texx4, obtidos em máquinas de tração computorizadas com uma força de tração de 1000 N, mostram os resultados dos ensaios de carga de rutura e de alongamento.

Tabela 4.5.

Resultados dos ensaios de carga de rutura e de alongamento dos fios

| Máquina convencional | | Máquina modernizada | |
|---|---|---|---|
| Para=280x2 | | | |
| Base | | | |
| ***P*** | ***l*** | ***P*** | ***l*** |
| 106 | 18 | 112 | 20 |
| 93,5 | 20 | 112 | 20 |
| 96 | 20 | 112 | 18 |
| Pato | | | |
| 118 | 25 | 124 | 20 |
| 89 | 22 | 113 | 20 |

| 79 | 15 | 128 | 20 |
|---|---|---|---|
| Para=280x3 | | | |
| Base | | | |
| 146 | 45 | 178 | 35 |
| 158 | 40 | 171 | 30 |
| 214 | 40 | 233 | 35 |
| Pato | | | |
| 124 | 20 | 156 | 20 |
| 118 | 20 | 132 | 20 |
| 111 | 20 | 114 | 20 |
| Para=280x4 | | | |
| Base | | | |
| 167 | 30 | 195 | 30 |
| 209 | 28 | 221 | 30 |
| 151 | 30 | 168 | 33 |
| Pato | | | |
| 108 | 25 | 124 | 22 |
| 101 | 25 | 135 | 20 |
| 134 | 25 | 134 | 20 |

A análise mostra que os fios de trama são quase duas vezes mais fortes do que os fios de teia em termos de propriedades de rutura, com um aumento de 12,5 por cento na densidade linear do fio de trama em relação ao fio de teia. O tecido produzido no tear modernizado difere em termos de aparência do tecido de dois fios produzido no tear convencional apenas pelo facto de se formar uma franja de laços de trama nas ourelas do tecido. Foram comparadas as propriedades físicas e mecânicas dos tecidos produzidos num tear com um feixe de trama fixo e num tear convencional. Os resultados do ensaio do tecido estão resumidos no Quadro 4.6. O quadro mostra que a resistência da faixa principal do tecido produzido na máquina convencional e na máquina modernizada é a mesma. A resistência da faixa de trama da máquina convencional é mais elevada. Isto deve-se ao facto de o fio de trama da máquina modernizada sofrer um solavanco quando é agarrado, roçar nas guias durante o seu movimento, etc. Como resultado, a trama é um pouco deformada e a sua resistência e alongamento são reduzidos. O alongamento da trama no rasgamento de um tecido fabricado numa máquina modernizada é menor do que o de um tecido fabricado numa máquina convencional.

Tabela 4.6.

Os resultados do ensaio do tecido.

| O tecido do tear | Densidade linear fios, tex | Número de roscas por 50 *mm* | Valor dos indicadores no ensaio de uma tira de tecido 50*200 *mm* | Resistência por 1 fio em CH |
|---|---|---|---|---|

| | base | patos | base | patos | com base em ler-udley-competência kG. | cmm. | por força, kG.s | pato alongamento mm. | | base | patos |
|---|---|---|---|---|---|---|---|---|---|---|---|
| Modernizado | 560 | 640 | 20 | 20 | 112 | 19,3 | 121,6 | 20 | | 5,6 | 6,08 |
| Comum | 560 | 640 | 20 | 20 | 98 | 19,3 | 95 | | 20,6 | 4,9 | 4,75 |
| Modernizado | 840 | 640 | 20 | 20 | 194 | 33,3 | 134 | 20 | | 9,7 | 6,7 |
| Comum | 840 | 640 | 20 | 20 | 172 | 41,6 | 117,6 | 20 | | 8,6 | 5,88 |
| Modernizado | 1120 | 640 | 20 | 20 | 194,6 | 31 | 131 | | 20,6 | 9,73 | 6,55 |
| Comum | 1120 | 640 | 20 | 20 | 175,6 | 29,3 | 114,3 | 25 | | 8,78 | 5,7 |

**No quinto capítulo** são apresentados os parâmetros estruturais e as propriedades das mangueiras de incêndio, são considerados os elementos da estrutura da mangueira de incêndio, são considerados os indicadores da estrutura da mangueira de incêndio. A mangueira de incêndio é uma tubagem flexível para o transporte de substâncias extintoras de incêndio equipada com cabeças de ligação ao fogo. As mangueiras de incêndio são feitas de lona impregnada com uma composição especial. lona ou tecido sintético e são concebidas para uma pressão de serviço de, pelo menos, 1,0 MPa. MPa. Para aumentar a resistência à água, a durabilidade e a proteção contra meios agressivos (produtos petrolíferos, ácidos, temperaturas altas e baixas), as mangueiras de incêndio podem ter de borracha As mangueiras de incêndio podem ter revestimento de borracha ou polímero no interior e reforço metálico (entrançado) ou revestimento de polímero no exterior. As mangueiras de incêndio subdividem-se em mangueiras de entrada e de saída. As primeiras destinam-se à entrada de água de um reservatório ou de uma fonte de abastecimento de água e as segundas servem para encaminhar a água da bomba, criando a pressão necessária, para os objectos em chamas através dos troncos de saída (pulverizadores de fogo). As mangueiras de receção são fabricadas em fábricas da indústria da borracha. As mangueiras de saída são produtos da indústria têxtil. As mangueiras de incêndio têm os seguintes requisitos básicos: elevada resistência à tração, resistência à água, resistência aos microrganismos e à fricção, bem como boa flexibilidade e baixo peso. A resistência à tração, ou seja, a resistência ao rebentamento, deve corresponder à pressão da água desenvolvida pela bomba de incêndio. A estanquidade das mangueiras de incêndio permite que a pressão da água gerada pela bomba seja mantida ao longo de todo o comprimento da mangueira durante o funcionamento.

As mangueiras de incêndio permanecem frequentemente húmidas durante muito tempo após a sua utilização, o que cria condições favoráveis ao desenvolvimento de vários microrganismos. Neste caso, a humidade permanece na superfície da mangueira durante muito tempo e no interior da mangueira durante um período de tempo mais longo, mesmo com tempo quente e ensolarado. Por isso, a resistência aos microrganismos é uma das propriedades importantes das mangueiras de incêndio. Muitas vezes, no processo de extinção do incêndio, as mangueiras cheias de água são arrastadas pelo asfalto, pedras ou pelo chão, bem como através de aberturas de janelas em vidros partidos, entrando frequentemente em contacto com o ferro de cobertura. Nestas condições, é necessário ter mangueiras resistentes à abrasão e aos danos externos. As mangueiras de saída dividem-se em mangueiras com borracha e mangueiras sem borracha (linho). Em pequenas quantidades, são também fabricadas mangas em pente concebidas para trabalhar com baixa pressão de água. A utilização máxima da resistência do fio no tecido e a ligação mais apertada da urdidura com a trama para obter um tecido denso, de alta resistência, impermeável, resistente a influências mecânicas externas, é obtida através da tecelagem simples. Por conseguinte, este tipo de tecido é utilizado na produção de mangueiras de incêndio não emborrachadas (ou seja, de linho). As mangueiras que são emborrachadas, ou seja, as bainhas, também são produzidas em ponto de tafetá. As bainhas só precisam de ter uma elevada resistência à tração e a resistência à água é conseguida através da introdução de uma câmara de borracha. Uma mangueira com borracha consiste numa mangueira de tecido sólido, denominada bainha, e numa câmara de borracha colada para selar as paredes. A vedação total das paredes da mangueira é conseguida através da colagem de câmaras de borracha no seu interior. As coberturas são feitas principalmente de fio de algodão na base e de fio de linho na trama (semi-linho) e, em pequenas quantidades, de fio de algodão na base e de fio de capron na trama. Ao efetuar os cálculos de enchimento para a produção de capas de meio-linho em teares planos, é necessário conhecer a resistência das paredes das mangas na teia e na trama. A resistência das paredes da manga deve corresponder à pressão hidráulica para a qual a manga foi concebida. Em função da pressão hidráulica que podem suportar, os invólucros dividem-se em três grupos: invólucros normais, reforçados e de alta resistência. Os casquilhos são produzidos com fios coloridos em cada fio ao longo de todo o comprimento do casquilho. Normal - com um fio, reforçado - com dois fios e mangas de alta resistência - com três fios. As mangas de linho utilizadas sem corte são impermeáveis devido à capacidade do fio de linho de inchar rapidamente quando molhado e fechar os poros (espaços entre os fios) do tecido. A dilatação só pode impermeabilizar suficientemente uma manga se a dimensão dos poros for reduzida ao mínimo. Por conseguinte, a densidade do tecido e, consequentemente, o enchimento na teia e na trama devem ser maximizados (cerca de 100%). Além disso, verificou-se que é possível produzir mangas de linho com uma resistência à água satisfatória se forem utilizados fios de espessura uniforme. Os fios fiados a seco são utilizados para as mangas de linho, uma vez que têm maior capacidade de inchar rapidamente quando molhados. A distribuição do peso dos fios nas mangas de linho é geralmente a seguinte 60 por cento de fio principal e 40 por cento de fio de trama. A tensão nas paredes da manga sob pressão hidráulica na urdidura é 2 vezes inferior à da trama. Coloca-se, portanto, a questão da racionalidade desta estrutura de mangas. No entanto, a discrepância entre o número de fios de teia e o número de fios de trama justifica-se pelas circunstâncias seguintes. Para obter a resistência à água necessária, os fios principais devem ser dispostos com a maior densidade possível (com um enchimento próximo de 100 por cento) e os poros do tecido devem desaparecer quando os fios se molham e, por conseguinte, incham. Nestas mangas, a trama deve ter um alongamento mínimo, ou seja, deve estar localizada no tecido num estado endireitado, uma vez que, neste caso, parece desempenhar o papel de argolas, contribuindo para a compactação dos fios principais quando estes incham. Isto explica a torção demasiado elástica do fio de trama, que garante um alongamento mínimo do fio. As mangueiras de incêndio de linho têm uma norma, que inclui especificações, cálculos de enchimento, instruções de desmontagem das mangueiras, regras de aceitação e método de ensaio, regras de embalagem e rotulagem, bem como condições de armazenamento e transporte. As mangueiras de linho, consoante o valor da pressão hidráulica aplicada, dividem-se nos seguintes grupos: ligeiras, normais e reforçadas. As mangueiras de linho são produzidas com um diâmetro interior de quatro tamanhos: 26, 51, 66 e 77 mm.

Os tubos flexíveis devem suportar a pressão hidráulica especificada no quadro 5.1.

Pressão hidráulica das mangueiras de incêndio

| Diâmetro interior em mm | ²Pressão hidráulica de funcionamento em kg/cm nas mangueiras | | | ²Pressão hidráulica de funcionamento em kg/cm ao testar as mangueiras | | |
|---|---|---|---|---|---|---|
| | normal | reforçado | maior resistência | normal | reforçado | maior resistência |
| 51 | 12 | 14 | 16 | 15 | 18 | 20 |
| 66 | 12 | 14 | 16 | 15 | 18 | 20 |
| 77 | 12 | 14 | - | 14 | 16 | - |
| 89 | - | 12 | - | - | 16 | - |

O quadro 5.2 apresenta um resumo das mangas produzidas em teares planos e o quadro 5.3 apresenta um resumo das mangas produzidas em teares redondos.

Tabela 5.2.

Mangas produzidas em teares planos

| Diâmetro interior das mangueiras em mm | Número de fios de base de algodão | Número de threads principais | Número do fio de trama de linho | Número de fios de trama por 10 cm | Número do fio de trama sintético | Número de fios de trama por 10 cm | Todos os 100 m de mangueira em kg, não mais | Entrelaçamento |
|---|---|---|---|---|---|---|---|---|
| As mangas com borracha são normais | | | | | | | | |
| 51 | 27/9 | 321±4 | 6/14 | 34± 2 | - | - | 71,6 | linho |
| 66 | 27/9 | 417±5 | 6/16 | 34± 2 | - | - | 99,8 | linho |
| 77 | 27/9 | 524±5 | 6/18 | 34± 2 | - | - | 109,4 | linho |
| Mangas reforçadas em borracha | | | | | | | | |
| 51 | 27/9 | 321±4 | 6/16 | 34± 2 | - | - | 74,8 | linho |
| 66 | 27/9 | 460±5 | 6/18 | 34± 2 | 34/50 | 38± 2 | 96,9:86,5 | linho |
| 77 | 27/9 | 572±5 | 6/20 | 34± 2 | 34/50 | 38± 2 | 116,2-105 | linho |
| 89 | 27/9 | 700±6 | - | 34± 2 | 34/50 | 38± 2 | 121,4 | linho |
| Mangas de borracha resistentes | | | | | | | | |
| 51 | 27/9 | 364±4 | 6/18 | 34± 2 | - | - | 78,2 | linho |
| 66 | 27/9 | 524±5 | - | - | 34/50 | 38± 2 | 91,1 | linho |

Mangas produzidas em teares circulares

| Diâmetro interior das mangueiras em mm | Número de fios de base de algodão | Número de threads principais | Número do fio de trama de linho | Número de fios de trama por 10 cm | Todos os 100 m de mangueira em kg, não mais | Entrelaçamento |
|---|---|---|---|---|---|---|
| As mangas com borracha são normais | | | | | | |
| 51 | 27/9 | 324±4 | 6/10 | 34± 2 | 68,4 | linho |
| 66 | 27/9 | 420±5 | 6/14 | 34± 2 | 88,68 | linho |
| 77 | 27/9 | 528±5 | 6/14 | 34± 2 | 104,7 | linho |
| Mangas reforçadas em borracha | | | | | | |
| 51 | 27/9 | 324±4 | 6/14 | 34± 2 | 74,1 | linho |
| 66 | 27/9 | 468±5 | 6/14 | 34± 2 | 93,2 | linho |
| 77 | 27/9 | 576±5 | 6/16 | 34± 2 | 113,2 | linho |
| 89 | 27/9 | 708±6 | 6/18 | 34± 2 | 134 | linho |
| Mangas de borracha resistentes | | | | | | |

| 51 | 27/9 | 360±4 | 6/16 | 34± 2 | 76,8 | linho |
|---|---|---|---|---|---|---|
| 66 | 27/9 | 528±5 | 6/16 | 34± 2 | 97,7 | linho |

A particularidade dos tecidos de camada dupla reside no facto de, na sua construção, estarem envolvidos dois sistemas independentes de urdidura e dois sistemas independentes de trama. Ao mesmo tempo, formam duas camadas independentes, uma sobre a outra, livres ou ligadas entre si durante o processo de tecelagem. Os tecidos de saco (ocos) são utilizados para o fabrico de mangueiras de incêndio ou de campo, tecidos técnicos e sacos. Os tecidos de base são o tecido simples, a bombazina 2/2, a trama 2/2, o cetim de quatro fios. Os seguintes princípios são utilizados na formação de tecidos de sacos (ocos):

1 Os fios de teia e de trama da camada superior do tecido são numerados com algarismos árabes e os fios de teia e de trama da camada inferior do tecido com algarismos romanos.

2 Ao representar uma trama no papel, os fios da teia e da trama são convencionalmente deslocados para o mesmo plano.

3 Quando a trama é introduzida na camada superior, todos os fios de urdidura da camada inferior são largados (Fig. 5.1.a).

4 Quando a trama é adicionada à camada inferior, todos os fios de teia da camada superior são levantados (Fig. 5.1.b).

5 O levantamento dos fios de teia da camada superior quando a trama é inserida na camada inferior do tecido é representado no desenho como um círculo.

6 As camadas são unidas nos bordos do enchimento através da colocação alternada da trama.

7 $_6$A relação de urdidura e trama ($R$) é igual ao menor múltiplo do número de fios na relação ( $R$ ) da trama de base multiplicado pelo número de camadas ( $K$).

$$R = R_б \cdot K \qquad (5.1)$$

8 Os cordões de baixo são baixados para formar a camada superior do tecido oco e levantados para formar a camada inferior do tecido (Fig.2.2)

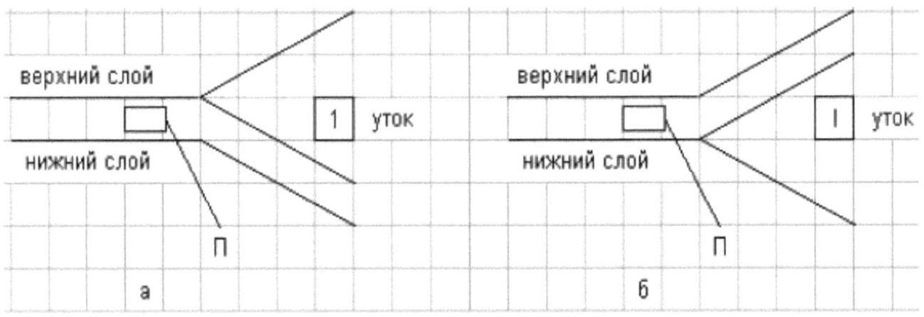

Fig. 5.1. Colocação da trama na formação de um tecido oco (folgado).

Para manter a densidade estabelecida do tecido oco, são utilizados cordões de baixo nos locais de transição da trama de uma camada para outra, ou seja, nos locais de dobras do tecido oco. As cordas são enfiadas em tramas individuais e em canas.

As cordas de baixo são baixadas durante a formação da camada superior do tecido e levantadas durante a formação da camada inferior do tecido. Desta forma, não ficam presos pela trama (Fig. 2) e podem ser retirados livremente após a remoção do tecido do tear.

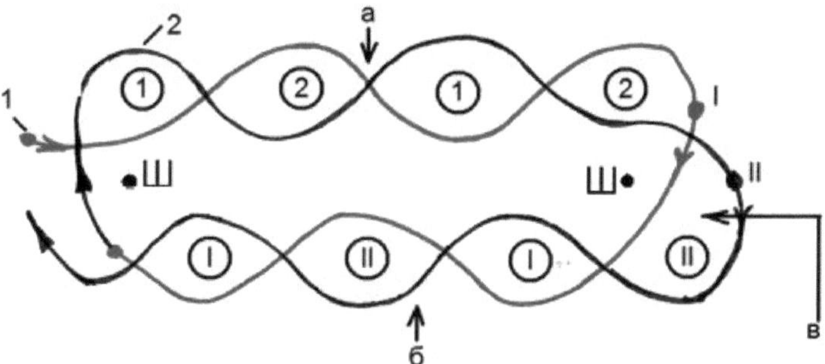


Fig. 5.2. Tecido interno da camada inferior do tecido oco de rede (saco).

Vamos construir o padrão de enchimento de um tecido oco com base na tecelagem simples, a relação da tecelagem de base $R$ = 2, e a proporção de camadas de tecido que vamos aceitar 1:1, (Fig. 5.3. a e 5.3. b).

Relação entre a teia e a trama do tecido oco

$$R_o = R_y = 2R_{\text{б}} = 4 \qquad (5.2)$$

Desenhar a secção transversal do tecido (Fig.5.4) e determinar a trama interna da camada inferior do tecido (Fig.5.1 e 5.3.c). De seguida, transferimos a trama da Fig.5.3.a e da Fig.5.4.c para o padrão de enchimento 5.5. Utilizando os princípios dos pontos 3, 4, 5 e 8 da construção do tecido oco, elaboramos o padrão de enchimento completo do tecido oco. A alternância das meadas de trama é efectuada na sequência seguinte:

- primeiro assentamento da trama para a camada superior;
- segunda camada de trama para a camada inferior;
- terceira camada de trama para a camada superior;
- quarta camada de trama para a camada inferior.

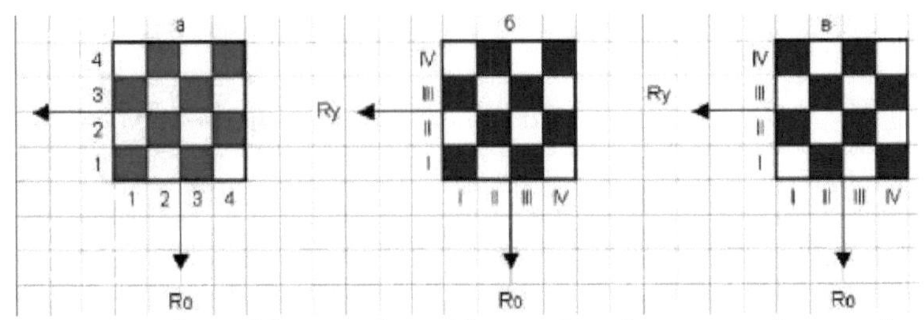

Fig.5.3 Padrão de enchimento do tecido oco (saco): a - camada superior; b - camada inferior; c - trama interior da camada inferior do tecido

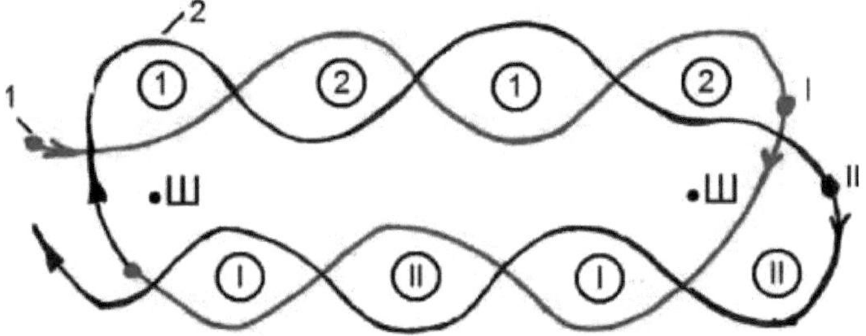

Figura 5.4: Secção transversal de tecido oco (saco).

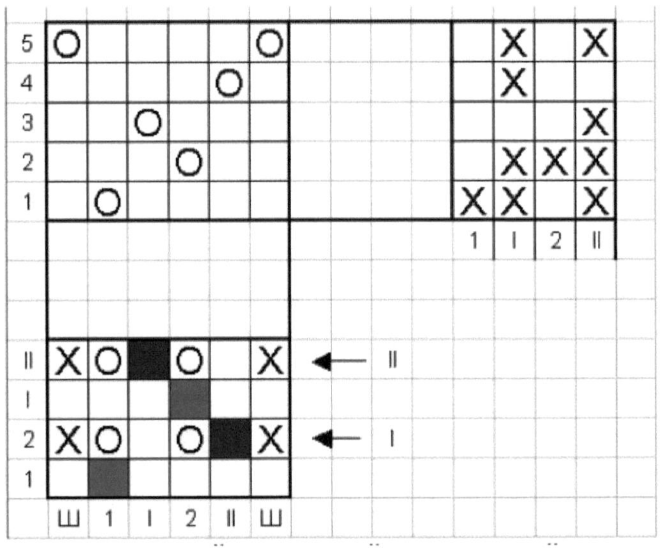

Figura 5.5. Padrão de enchimento completo de um tecido oco

As cordas de baixo (B) são retiradas do tear individual quando a camada inferior do tecido é formada. O processo de retirar as cordas de baixo depois de retirar o tecido oco do tear é muito trabalhoso. Por isso, é conveniente desenvolver meios para manter uma determinada densidade do tecido nos locais de dobragem (transição das tramas de uma camada para outra), que substituíram os cordões de baixo na máquina. Uma das variantes de localização entre as camadas do tecido no bordo do tecido é uma barra (P) - retangular ou trapezoidal, oval e outras formas (Fig.5.1). Os indicadores da estrutura das mangueiras de incêndio determinam as dependências entre os parâmetros da sua estrutura e as propriedades físicas e mecânicas. É necessário ter em conta o objetivo do tecido, as propriedades das matérias-primas utilizadas, as caraterísticas do processo tecnológico e a formação de materiais têxteis. As mangueiras de pressão (descarga) são utilizadas como condutas flexíveis para o abastecimento de água sob pressão, bem como para a bombagem de combustível, fuelóleo e óleos. Um dos principais requisitos para as mangueiras de incêndio de saída é a resistência à água, que permite que a pressão da água gerada pela bomba seja mantida ao longo de todo o comprimento da mangueira. A resistência à água das mangueiras feitas de fibras naturais (algodão, linho) é conseguida devido à capacidade do fio de linho de inchar rapidamente quando molhado e fechar os espaços entre os fios do tecido. As mangas de linho são geralmente produzidas em teares planos em forma dobrada e, por conseguinte, têm uma baixa resistência da trama nas ourelas. O peso do fio principal na manga é de cerca de 60% e o da trama de apenas 40%, enquanto a tensão nas paredes da manga sob pressão hidráulica no sentido da urdidura é metade da tensão no sentido da trama. Esta discrepância entre a estrutura da manga e as exigências de resistência no sentido da urdidura e da trama deve-se à necessidade de assegurar o máximo enchimento do tecido no sentido da urdidura e o mínimo alongamento dos fios da trama sob a ação da pressão hidráulica. Mais racional é a estrutura das mangas e capas produzidas em teares circulares. Ao calcular os parâmetros da estrutura de uma manga de tecido circular, as forças que actuam na direção axial (ao longo dos fios de teia) são determinadas de acordo com a fórmula:

$$Q_o = \frac{cpD^2 3z_o}{4K_o} \qquad (5.3)$$

$^2$onde $c$ - pressão hidráulica, kgf/cm ; $D$ - diâmetro médio da mangueira, cm; $z$ - fator de correção, tendo em conta o aumento do diâmetro da mangueira sob a ação da pressão hidráulica; $K_o$ - coeficiente de utilização da resistência do fio de urdidura; $z_o$ - fator de segurança da resistência da urdidura.

O valor das forças tangenciais que actuam na direção circunferencial sobre os fios de trama é calculado de acordo com a fórmula

$$Q_y = \frac{pD\eta_1 10\eta_2 z_y}{2K_y} \qquad (5.4)$$

$_2$em que $\eta$ é o coeficiente que tem em conta o aumento do comprimento da manga (L=10 cm); $K_y$ é o fator de utilização da resistência do fio de trama; $z_y$ é o fator de segurança da trama.

O diâmetro calculado do revestimento da manga é determinado com base no valor dado do diâmetro interior da manga $D_B$, na espessura da parede da camada de impermeabilização Δ e nos diâmetros da teia do e da trama $d_y$.

$$_yD = D_B + 2\Delta + 2\ d_o + d \quad (5.5)$$

*Para os cálculos aproximados da resistência do tecido de cobertura sobre a base (faixa de 50 mm de largura), obtém-se a seguinte expressão a partir da fórmula (5.3):*

$$Q_o^{'} = \frac{pDz_o}{0{,}8K_o} \qquad (5.6)$$

A partir da fórmula (5.4), obtém-se a resistência da tira de tecido na trama:

$$Q_y^{'} = \frac{pDz_y}{0{,}4K_y} \qquad (5.7)$$

A partir da análise dos dados experimentais, verificou-se que, para as capas de mangas produzidas num tear redondo, é possível tomar o coeficiente $K_o$*=0,5 e* $K_u$*=0,7.* A reserva de resistência das paredes da bainha na direção da urdidura é de 1,5, e na direção da trama - 1,25. O aumento da margem de segurança na base deve-se ao facto de, ao deslocar e dobrar a manga cheia de água sob pressão, os fios principais sofrerem uma tensão maior do que a trama, que ao mesmo tempo protegem de danos externos. Com base na resistência de urdidura necessária da tira e na carga de rutura de um único fio, calcula-se o número de enchimento dos fios de urdidura em toda a circunferência da cobertura.

$$m_o = \frac{\pi D Q_o^{'}}{5p_o m_1} \qquad (5.8)$$

Densidade da trama do tecido de revestimento por 10 cm

$$S_y = \frac{2Q_y^{'}}{p_y m_1} \qquad (5.9)$$

em que $p_y$ é a carga de rutura de um único fio, kgf; $m_1$ é o número de dobras de torção.

A percentagem de enchimento linear do tecido de revestimento da manga é calculada através de uma fórmula conhecida:

$$3_o ... 3_o + 3_y - 0{,}013_o 3_y \qquad (5.10)$$

em que $z_o$ e $z_u$ são a percentagem de enchimento linear na teia e na trama.

$$\frac{S_o}{m^2},$$

Recomenda-se determinar o valor de $z_o$ como o produto do diâmetro do cordão $d_n$ pela densidade do cordão, em que $m_2$ *é o* número de cordões enfiados na cozinha. [2] Em *t2=2 m*, o diâmetro do cordão será igual a

$$d_n = 0{,}0357\sqrt{\frac{2T}{\gamma_o}} \qquad (5.11)$$

$_o$ [3]em que $T_o$ *é* a espessura da teia, tex; *γ é o* peso volumétrico do fio, g/cm .

O peso de 1 pg. m (densidade superficial) do revestimento da manga pode ser calculado através da fórmula:

$$M = \frac{m_o T_o}{10^3(1-0{,}01a_o)} + \frac{S_y \pi D T_y}{104(1-0{,}01a_y)} \qquad (5.12)$$

em que $a_o$ e $A_u$ são o grau de transformação da teia e da trama, em %.

A Tabela 5.4 mostra os parâmetros estruturais das mangueiras de incêndio com um diâmetro de 67-68 mm.

Tabela 5.4.

Parâmetros estruturais das mangueiras de incêndio com um diâmetro de 67-68 mm.

| Indicadores | | Manga de linho reforçada |
|---|---|---|
| Espessura do fio, tex | fundamentos | 167x2 |
| | pato | 167x10 |
| Carga de rutura dos fios, kgf | fundamentos | 6,95 |
| | pato | 36,6 |
| Número de fios de teia por circunferência | | 592 |
| Densidade do fio por 10 cm na trama | | 42 |
| Grau de transformação do fio, % | com base em | 19,3 |
| | sobre o pato | 6,6 |
| Densidade linear do revestimento, ktex | | 399 |
| Enchimento de tecido, % | com base em | 100 |
| | sobre o pato | 63,5 |

A conceção do tecido com determinadas propriedades também é efectuada. Para a construção correta do tecido da manga, é necessário conhecer as tensões que nele surgem durante o funcionamento, a tecnologia de fabrico das mangas de borracha, a distribuição das forças que surgem como resultado das pressões internas a que as mangas estão em condições de funcionamento. Tomemos, por exemplo, uma manga simples constituída por uma camada interna de borracha, juntas de tecido com borracha e um revestimento de borracha. Aquando da montagem da manga, a camada interior de borracha, que é um tubo de borracha, é esticada numa haste metálica (mandril) de um determinado diâmetro, a camada de borracha é envolvida por uma tira de tecido com borracha, que é depois cuidadosamente enrolada. O enrolamento é efectuado de modo a garantir uma aderência firme do tecido à borracha e das camadas individuais umas às outras. A tira de borracha, que constitui o revestimento exterior da manga, é aplicada por último e também bem enrolada. A manga montada é envolvida firmemente com ligaduras de tecido e vulcanizada. Após a vulcanização, as ligaduras são retiradas. Consideremos as tensões a que as paredes da manga estão sujeitas em diferentes direcções a uma certa pressão interna. [2]Denotemos por *P a* pressão por 1cm , disponível no interior de uma manga de raio *r*. As paredes da manga têm resistência suficiente para equilibrar a pressão interna *P*. Determinemos a força que tende a romper a manga ao longo da circunferência ***tpor*** (Fig. 5.6), e a força que tende a rompê-la ao longo dos formadores *AD* e *BC*. A figura mostra que qualquer outro plano que divida a manga em duas partes com um ângulo diferente dará uma linha de maior comprimento na intersecção com as paredes. Assim, tomam-se dois casos em que a força para o comprimento mínimo da manga será maximizada.

A pressão sofrida pelo braço ao longo do seu eixo será igual a

$$P\pi r^2 \qquad (5.13)$$

em que ***r*** é o raio da manga em cm.

O comprimento da circunferência de ***tpor***, que representa a linha de rutura da parede *da* manga, é *2nr*.

Assim, a tensão axial na parede por 1 cm de comprimento será

$$T_0 = \frac{P\pi r^2}{2\pi r} = \frac{1}{2}\mathrm{Pr} \qquad (5.14)$$

Seja ***l*** o comprimento do elemento de manga. A superfície dos dois semicilindros está sujeita, em cada um dos seus pontos, a uma pressão ***P. Sabe-se*** que a projeção da superfície dos dois semicilindros no plano *ACBD* é igual à área desse retângulo.

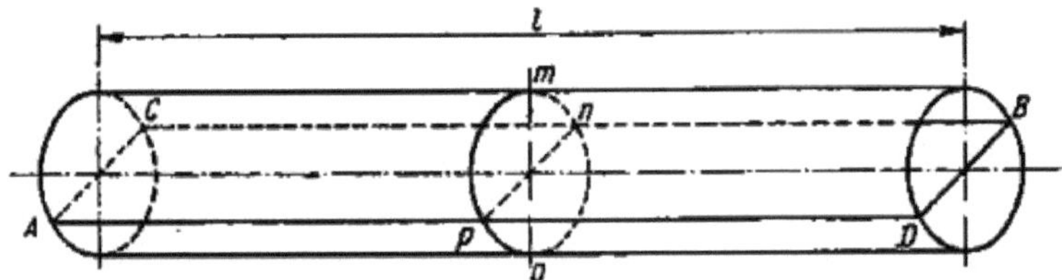


Figura 5.6. Representação nocional da manga.

A pressão por área do retângulo é igual a ***2Plr*** e actua sobre os formadores *AB* e *CD*, cujo comprimento é igual a ***2l***. Daqui podemos concluir que a área da secção transversal da parede da manga de borracha deve ser o dobro da área da secção transversal dos formadores da manga. Se estas áreas da secção transversal forem iguais, o tecido de que é feita a manga deve ter uma resistência 2 vezes maior na direção radial do que na direção do eixo da manga. Este facto deve ser tido em conta no momento de a envolver com o tecido. Os tecidos da manga devem ser fabricados com uma diferença de alguns indicadores na popa, de modo a que, após o emborrachamento, esta diferença desapareça completamente ou tenha o valor mais baixo. Por conseguinte, a resistência da trama do tecido da manga deve ser superior à resistência da urdidura e o alongamento da trama deve ser inferior ao alongamento da urdidura. A permeabilidade à água do tecido foi calculada e analisada. A permeabilidade à água caracteriza a capacidade de os produtos passarem a água através de si próprios. [2]A caraterística da permeabilidade à água é o coeficiente de permeabilidade à água, que é expresso pela quantidade de água V (dm) que passa através de 1 m da superfície do tecido durante 1 s à pressão do líquido g, Pa

$$B = \frac{V}{F \cdot t} \qquad \frac{дм^3}{м^2 c} \qquad (5.15)$$

[2]onde V é o volume de água que passou pelo tecido da área F durante o tempo T. A área tkni é constante e igual a 0,04m .

O volume de água é calculado através da seguinte fórmula *m*

$$V = \frac{m}{\rho_{воды}} \qquad дм^3 \qquad (5.16)$$

$_{воды}$ [3]onde *p* é a densidade da água que é igual a 1g/cm ; *m é a* massa da amostra que é igual a $m = {}_{mn} - {}_{m1}$, $_{mn}$ *é a* massa da amostra num determinado momento (minutos), $_{m1}$ *é a* massa da amostra inicial.

A permeabilidade à água depende da espessura do produto, da sua porosidade, da composição das fibras e do tipo de acabamento. A resistência à água é a resistência dos produtos têxteis à infiltração de água através deles. A pressão mínima da água sobre a peça de ensaio que provoca o aparecimento de uma terceira gota de líquido na superfície oposta da peça é considerada como o valor da resistência à água. Esta caraterística é determinada em dispositivos especiais denominados penetrómetros. Por vezes, é utilizado o método de "koshel"; neste caso, a água é vertida no tecido, que é fixado sob a forma de um saco, até uma altura H, e a resistência à água é caracterizada pelo tempo após o qual a terceira gota de água ou um determinado volume de água se infiltra. [32]Determinar a permeabilidade à água através de uma amostra de material que passa 0,5 dm de água a uma temperatura de 20 ° C e a uma pressão constante de 500 n/m , utilizando um cronómetro para registar o tempo durante o qual a quantidade especificada de água passa através da amostra. Para além da pressão a que a humidade é forçada a atravessar a amostra, a espessura e o enchimento do material influenciam a permeabilidade à água. A permeabilidade à água e a resistência à água são caracterizadas pelo tempo durante o qual o material não fica molhado, mantendo a água sob pressão constante. A resistência à água e a permeabilidade à água também podem ser caracterizadas pela pressão mais baixa à qual a água penetra no material. Os instrumentos denominados penetrómetros funcionam segundo este princípio. Foram efectuados estudos experimentais para determinar a resistência à água em mangueiras de incêndio (Tabela 5.5).

Tabela 5.5.

Estudos experimentais da resistência à água dos tecidos

| Resistência à água de amostras 2x2 | | | | | | | | | |
|---|---|---|---|---|---|---|---|---|---|
| minutos | algodão | | | | Len | | | | tempo de retenção |
| | amostra 1 | amostra 2 | amostra 3 | amostra 4 | amostra 1 | amostra 2 | amostra 3 | amostra 4 | |
| 0 | 282 | 268 | 276 | 274 | 236 | 246 | 238 | 240 | 0 |
| 5 | 316 | 300 | 314 | 312 | 288 | 300 | 288 | 280 | 5 |
| 10 | 334 | 318 | 328 | 326 | 302 | 326 | 304 | 298 | 5 |
| 15 | 346 | 320 | 346 | 340 | 330 | 350 | 330 | 318 | 4,45 |
| 30 | 394 | 386 | 390 | 396 | 418 | 428 | 400 | 412 | 8 |
| 45 | 418 | 410 | 412 | 410 | 452 | 480 | 450 | 464 | 5,5 |
| 60 | 424 | 416 | 422 | 420 | 458 | 494 | 468 | 480 | 9 |
| 75 | 432 | 428 | 434 | 444 | 478 | 508 | 478 | 500 | 8 |
| 90 | 440 | 436 | 452 | 454 | 490 | 516 | 482 | 504 | 8 |
| 120 | 444 | 440 | 454 | 464 | 488 | 516 | 486 | 504 | 8 |
| 150 | 444 | 440 | 454 | 464 | 490 | 518 | 490 | 504 | 8 |
| 180 | 444 | 440 | 454 | 464 | 490 | 518 | 490 | 504 | 8 |

Foram efectuados estudos sobre a resistência à água de tecidos feitos de linho e de fios de algodão. Com base nos dados obtidos por estudos experimentais, foram construídos gráficos que mostram as alterações na resistência à água dos tecidos em função do tempo de exposição à água (Fig. 5.7-5.10).

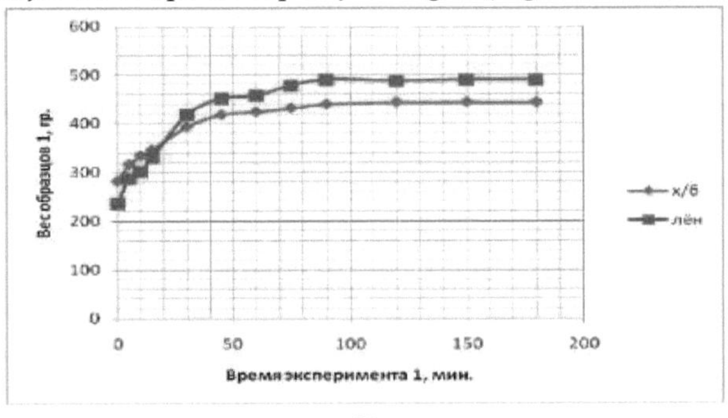

Fig.5.7 Gráfico da variação da resistência à água das amostras 1 em função do tempo de exposição à água.

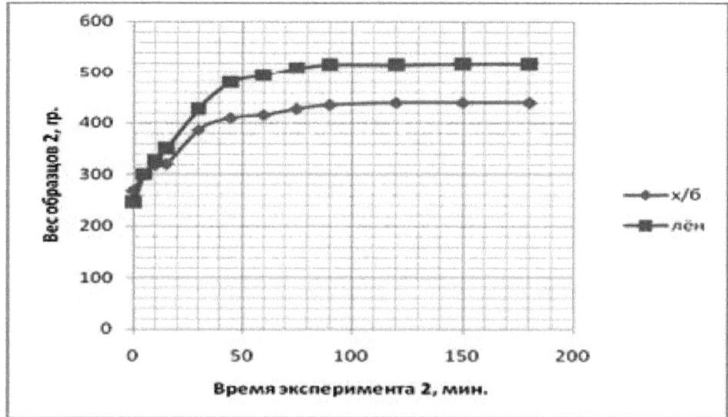


Fig.5.8. Gráfico da variação da resistência à água das amostras 2 em função do tempo de exposição à água.

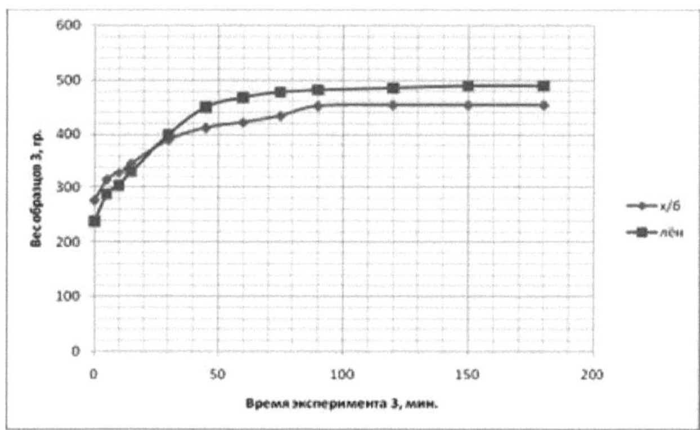


Fig.5.9. Gráfico da variação da resistência à água das amostras 3 em função do tempo de exposição à água

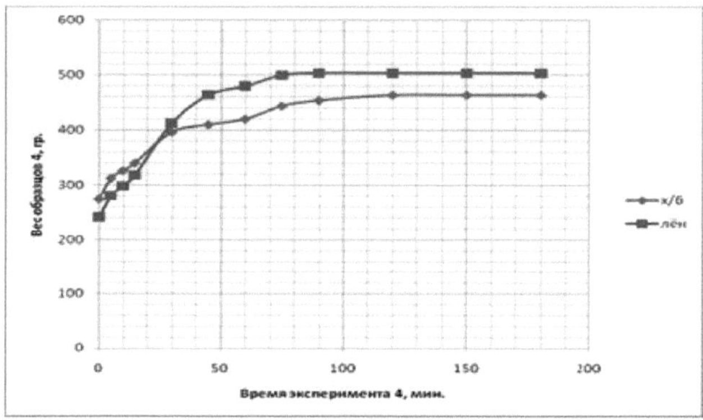


Fig.5.10. Gráfico da variação da resistência à água das amostras 4 em função do

tempo de exposição à água.

Todos os dados obtidos foram examinados e as médias dos dados foram calculadas e apresentadas na Tabela 5.6, tendo sido traçado um gráfico (Figura 5.11).

Tabela 5.6.

Regularidades da alteração da resistência à água dos tecidos em função do tempo de exposição

| Minutos | cf. algodão | cf. linho |
|---|---|---|
| 0 | 240 | 275 |
| 5 | 289 | 310,5 |
| 10 | 307,5 | 326,5 |
| 15 | 332 | 338 |
| 30 | 414,5 | 391,5 |
| 45 | 461,5 | 412,5 |
| 60 | 475 | 420,5 |
| 75 | 491 | 434,5 |
| 90 | 498 | 445,5 |
| 120 | 498,5 | 450,5 |
| 150 | 500,5 | 450,5 |
| 180 | 500,5 | 450,5 |

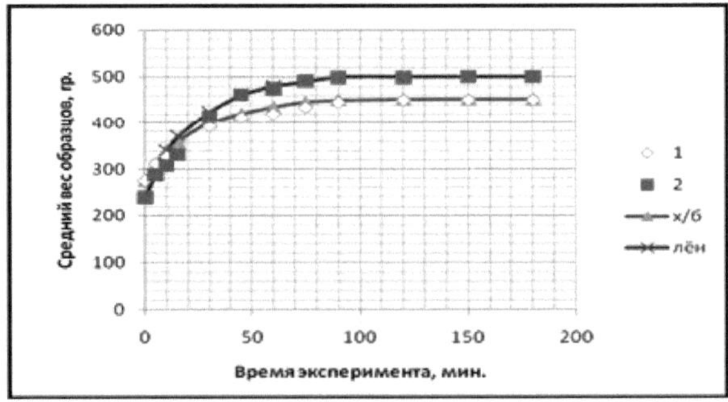


Fig5.11. Gráfico da variação da resistência à água dos tecidos em função do tempo de exposição à água: 1 - indicadores experimentais do algodão; 2 - indicadores experimentais do linho

Com base na fórmula (5.13), foi efectuado o cálculo da resistência à água nos tecidos e foi estabelecida a regularidade da alteração da resistência à água dos tecidos em função do tempo de exposição.

Cálculo da permeabilidade à água do tecido de linho em 60 minutos

$$B = \frac{V}{F \cdot t} = \frac{0,0235}{0,04 \cdot 3600} = \frac{0,0235}{144} = 16,32 \cdot 10^{-5} \ \frac{дм^3}{м^2 c}$$

$$V = \frac{m}{p_{воды}} = \frac{m_n - m_1}{p_{воды}} = \frac{0,0475 - 0,024}{1} = 0,0235 \ дм^3$$

$$t = 60 \ м = 60 \cdot 60 = 3600 \ c$$

Cálculo da permeabilidade à água do tecido de linho em 120 minutos.

$$B = \frac{V}{F \cdot t} = \frac{0,0258}{0,04 \cdot 7200} = \frac{0,0258}{288} = 8,96 \cdot 10^{-5} \ \frac{дм^3}{м^2 c}$$

$$V = \frac{m}{p_{воды}} = \frac{m_n - m_1}{p_{воды}} = \frac{0,0498 - 0,024}{1} = 0,0258 \ дм^3$$

$$t = 120 \ м = 120 \cdot 60 = 7200 \ c$$

Cálculo da permeabilidade à água do tecido de linho em 180 minutos.

$$B = \frac{V}{F \cdot t} = \frac{0,026}{0,04 \cdot 10800} = \frac{0,026}{432} = 6,02 \cdot 10^{-5} \ \frac{дм^3}{м^2 c}$$

$$V = \frac{m}{p_{воды}} = \frac{m_n - m_1}{p_{воды}} = \frac{0,05 - 0,024}{1} = 0,026 \ дм^3$$

$$t = 180 \ м = 180 \cdot 60 = 10800 \ c$$

Os dados de permeabilidade à água do tecido de linho obtidos por cálculo são introduzidos no Quadro 10 e, com base neles, é traçado o gráfico (Fig. 5.11).

Cálculo da permeabilidade à água de um tecido de algodão em 60 minutos.

$$B = \frac{V}{F \cdot t} = \frac{0,0145}{0,04 \cdot 3600} = \frac{0,0145}{144} = 10,06 \cdot 10^{-5} \ \frac{дм^3}{м^2 c}$$

$$V = \frac{m}{p_{воды}} = \frac{m_n - m_1}{p_{воды}} = \frac{0,042 - 0,0275}{1} = 0,0145 \ дм^3$$

$$t = 60 \ м = 60 \cdot 60 = 3600 \ c$$

Cálculo da permeabilidade à água do tecido de algodão em 120 minutos.

$$B = \frac{V}{F \cdot t} = \frac{0,0175}{0,04 \cdot 7200} = \frac{0,0175}{288} = 8,96 \cdot 10^{-5} \ \frac{дм^3}{м^2 c}$$

$$V = \frac{m}{p_{воды}} = \frac{m_n - m_1}{p_{воды}} = \frac{0,045 - 0,0275}{1} = 0,0175 \ дм^3$$

$$t = 120 \ м = 120 \cdot 60 = 7200 \ c$$

Cálculo da permeabilidade à água do tecido de algodão em 180 minutos.

$$B = \frac{V}{F \cdot t} = \frac{0,0175}{0,04 \cdot 10800} = \frac{0,0175}{432} = 4,05 \cdot 10^{-5} \ \frac{дм^3}{м^2 c}$$

$$V = \frac{m}{p_{воды}} = \frac{m_n - m_1}{p_{воды}} = \frac{0,045 - 0,0275}{1} = 0,0175 \ дм^3$$

$$t = 180 \ м = 180 \cdot 60 = 10800 \ c$$

Os dados sobre a permeabilidade à água do tecido de algodão obtidos por cálculo são registados no Quadro 5.7 e é elaborado um gráfico com base neles (Fig. 5.12).

Tabela 5.7.

Resistência à água das amostras escavadas

| linho | h\b | Tempo |
|---|---|---|
| 0,0001632 | 0,0001006 | 60 |
| 0,0000896 | 0,0000607 | 120 |
| 0,0000602 | 0,0000405 | 180 |

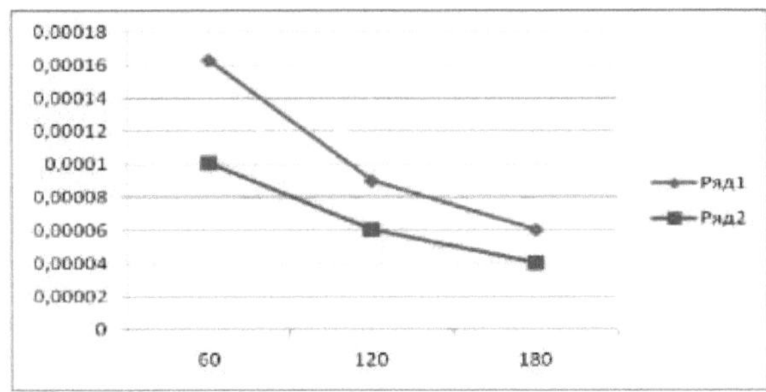


Fig. 5.12. Regularidade da alteração da resistência à água do tecido em função do tempo de exposição: linha 1 - para fio de algodão, linha 2 - para fio de linho.

As propriedades físicas dos tecidos incluem: permeabilidade ao ar, permeabilidade à água, resistência ao desgaste, abrasão, etc. Os requisitos para as propriedades físicas dos tecidos são determinados pelo seu objetivo e dependem da composição das fibras, da estrutura e do acabamento dos tecidos. A fricção externa contra objectos circundantes, que provoca o desgaste do material devido à sua abrasão, ocorre nos pontos de contacto real das superfícies em contacto. A natureza da fratura das fibras nos pontos de contacto é determinada tanto pela estrutura do próprio material como pelo tipo de superfície de abrasão. Existem dois tipos de fratura da fibra: a divisão em elementos estruturais longitudinais separados, causada pelo impacto repetido de superfícies abrasivas (desgaste por fadiga) e o micro-corte causado por um único impacto de saliências da superfície de contacto. A causa do desgaste dos tecidos é o impacto sobre eles de um conjunto complexo de diferentes factores: mecânicos, físico-químicos e biológicos. Os efeitos mecânicos incluem a abrasão e o estiramento e a flexão repetidos, bem como a compressão e a torção; os efeitos físico-químicos da luz, da atmosfera, da humidade, da temperatura, do suor, dos detergentes durante a lavagem e a limpeza a seco; os efeitos biológicos incluem os processos de decomposição causados por vários microrganismos. A resistência à abrasão do tecido é um dos principais indicadores que caracterizam a sua durabilidade e depende da estrutura da superfície do tecido, bem como da resistência das fibras ou do material à fricção. Os principais indicadores das amostras trabalhadas são apresentados no Quadro 5.8.

Principais indicadores das amostras trabalhadas

| № | Nome do indicador | Unidade de medida | linho | | algodão | |
|---|---|---|---|---|---|---|
| 1 | Densidade da superfície | $g/m^2$ | 568,2 | 565,6 (3) | 679,7 | 681,1(3) |
| | | | 566,3 | | 680,9 | |
| | | | 562,4 | | 682,8 | |
| 2 | Permeabilidade ao ar | $^{32}$cm /cm ^sec | 2,47 | 2,436 | 0,52 | 0,54 |
| | | | 2,42 | | 0,62 | |
| | | | 2,42 | | 0,48 | |
| 3 | Resistência à água | mm H2O | 280 | 313, (3) | 410 | 410 |
| | | | 320 | | 420 | |
| | | | 340 | | 400 | |

A massa de um tecido é expressa por uma caraterística chamada densidade superficial. $^{2}$A densidade superficial de um tecido é um indicador que caracteriza a massa de uma unidade de superfície g/m . Este indicador depende da espessura dos fios principais e dos fios de trama, da densidade do tecido e da natureza do acabamento. Assim, a densidade superficial de um tecido de lã diminui após a lavagem, a cozedura, o branqueamento e aumenta após a feltragem, a apreensão, a estampagem, etc. A densidade superficial dos tecidos é caracterizada pela espessura dos fios principais e dos fios de trama, pela densidade do tecido e pela natureza do acabamento. A densidade superficial dos materiais têxteis varia dentro de limites significativos. Determina o objetivo do material. A densidade superficial dos materiais têxteis é determinada pela pesagem dos materiais ou por um método de cálculo. A permeabilidade à água é a capacidade de um tecido absorver a humidade e libertar o vapor de água emitido pelo corpo humano. Tal como a higroscopicidade, estas propriedades são mais pronunciadas nos tecidos feitos de fibras naturais: linho, algodão, seda. A permeabilidade ao ar é uma propriedade que determina a capacidade de um tecido deixar passar o ar. Os melhores "respiram" os tecidos soltos e finos feitos de fibras naturais ou os tecidos produzidos por tecelagem aberta. Esta propriedade é especialmente importante para os tecidos do sortido de verão. A impregnação com uma composição de impregnação e a aplicação de revestimentos de película pioram consideravelmente a permeabilidade ao ar dos tecidos. A análise comparativa dos parâmetros dos tecidos foi efectuada para as amostras produzidas com base nos indicadores apresentados no quadro 5.9.

Uma análise comparativa dos parâmetros dos tecidos.

| Nome | Unidade de medida | algodão | | | linho | | |
|---|---|---|---|---|---|---|---|
| Densidade da superfície | g/m2 | 679,7 | 680,9 | 682,8 | 565,7 | 564,1 | 565,1 |

| Resistência à água | mm. de abertura | 410 | 420 | 400 | 280 | 320 | 340 |
|---|---|---|---|---|---|---|---|
| apagamento | sH | mais de 35.000 | | | mais de 35.000 | | |
| Densidade de base | fio/dm | 16 | | | 12 | | |
| Densidade da trama | fio/dm | 10 | | | 8 | | |
| Densidade linear na base | Tex | 100x2 | | | 125x2 | | |
| Densidade linear na trama | Tex | 120x2 | | | 170x2 | | |

# CONCLUSÃO

A classificação dos métodos de inserção da trama na faringe através da inserção da trama com uma pinça de vaivém foi clarificada. Os sistemas existentes de inserção da trama com pinça de vaivém são de conceção complicada e requerem uma série de mecanismos adicionais para a formação de tecido.

É conveniente desenvolver um novo sistema de colocação da trama por meio de uma pinça de lançadeira com base no tear de lançadeira do tipo AT. A modernização do tear de lançadeira é realizada utilizando o carácter do movimento dos aros com a instalação dos mecanismos de alimentação e retirada da trama para a pinça da lançadeira nos aros. São determinados os parâmetros da pinça da lançadeira. Obtêm-se as regularidades de movimento da pinça de lançadeira no galpão. São obtidas as equações da tensão de uma chumbada que desliza num plano, num círculo de cilindros fixos e móveis, tendo em conta a rigidez da chumbada, o raio, o ângulo e o coeficiente de atrito. É conveniente utilizar um cilindro móvel como travão de vaivém. São determinados os valores do ângulo de atrito da chumbada contra a pinça em função da posição da pinça de lançadeira no galpão. Desenvolveu-se um suporte e uma metodologia para determinar o coeficiente de atrito da trama contra a pinça da laçadeira em função da forma, dimensão e estado das superfícies de atrito da pinça da laçadeira. O aumento do raio de atrito do fio no gancho leva a um aumento da tensão do fio de trama. O coeficiente de atrito em repouso é superior ao coeficiente de atrito em movimento em todas as variantes das superfícies de fricção da lançadeira. O novo tecido possui uma ourela, cuja estrutura confere resistência e impede a tecelagem dos fios de urdidura extremos, não necessitando de mecanismos adicionais de formação de ourela. Em termos de propriedades físicas e mecânicas, o novo tecido não é inferior ao tecido normal. A perda de trama do novo tecido aumenta, variando de 5,6 a 9%, dependendo do tamanho do laço de trama nas ourelas. O tecido foi concebido para a produção de mangueiras de incêndio, em resultado do que foram calculados os parâmetros tecnológicos necessários para a produção do tecido. O nosso tecido deve ter propriedades de resistência à água, o que pode ser conseguido com impregnações especiais. As amostras de tecido foram testadas quanto às propriedades físicas e mecânicas no laboratório do centro de certificação, foram estudadas as caraterísticas de carga de rutura, resistência à abrasão, resistência à água. O nosso tecido tem boas propriedades de tração, respirabilidade e resistência à água.

## LITERATURA

1 . HANDBOOK OF WEAVING Editado por S Adanur, Departamento de Engenharia Têxtil, Universidade de Auburn, EUA 440 páginas 543 figuras 68 tabelas 254 x 176mm capa dura 2000.

2 Sidorov Y. P., Rozanov A. F. "Análise dos trabalhos sobre a automatização da alimentação da trama dos teares no estrangeiro" Moscovo, L. I. 1968

3 Talavashek O., Svatyi V. "Needleless weaving machines" Moscovo, L. I., 1985 4. Ormjord A., "Modern preparation and weaving equipment" Moscovo, Legprombytizdat, 1987

5 F. M. Rozanov et al. "Tecnologia da tecelagem" parte 2, Moscovo, L. I.,1967

6 Borodovsky M. S. et al. "Fundamentos da tecelagem" parte 2, Gizlegprom, 1947

7 Urazbayev M. T. "Fundamentos da mecânica do fio flexível deformável ponderado" Tashkent, 1951

8 Kragelsky I. V. "Fricção de substâncias fibrosas" Moscovo, Gizlegprom, 1941 9.Gordeev V. A. "Dinâmica dos mecanismos de têmpera e tensão de urdidura" 10.Manukhin A. C. "Modernização do tear mecânico" Moscovo, Gizlegprom, 1963

11. Meredith R. "Métodos físicos de investigação de materiais têxteis" Moscovo, Gizlegprom, 1963

12. Makarova T.A., Potapova L.V. "Textile Material Science" Moscovo, 1986

13.Vlasov P. V. "Normalização do processo de tecelagem" Moscovo, L. I., 1982

14. http : //www.unfire01. ru/pozharnyj -magazin/rukava-pozhamye-napome. html

6 . GOST 29104.16-91. Tecidos técnicos. Método de determinação permeabilidade à água.

7 . Ne'matov J.A., Rakhimkhodjaev S.S., artigo científico "Fire hoses" Coleção de artigos científicos de estudantes de mestrado, Tashkent, TITLP, 2014.

8 . http : //www. abc 01. ru/rukava. php

9 . Eremina N.S., Koritsky K.I. Designing of cotton fabrics, Trabalhos científicos e de investigação do Instituto Central de Investigação Científica de Têxteis e Biotecnologia, 1962.

10 . http://www.rukav.uz/

11 . GOST 9857-91 Algodão e tecidos técnicos mistos para mangas de tecido de borracha. Condições técnicas.

12 . http : //volbrok.ru/texnicheskie-tkani-i-rukavnye-filtry/

13 .

http://ru.wikipedia.org/wiki/%D0%9F%D0%BE%D0%B6%D0%B0%D1% 80%D0%BD%D 1%8B%D0%B9%D 1%80%D 1%83%D0%BA%D0%B0%D0% 14. http://chem21.info/info/604193/
15 . Ne'matov J.A., Rakhimkhodjaev S.S., artigo científico "Linen fire hoses" Coleção de artigos científicos de estudantes de mestrado, Tashkent, TITLP, 2015.
16 . http://www.otkani.ru/property/phisicalproperty/6.html
17 . https://ru.wiktionary.org/wiki/%D0%B2%D0%BE%D0%B4%D0%BE%D1%8 3 %D0%BF%D0%BF%D0%BE%D 1%80%D0%BD%D0%BE%D1%81%D 1%82%D1
18 . http://www.otkani.ru/property/phisicalproperty/
19 . http://gearmix.ru/archives/4175
20 . http : //www. furfur. . me/furfur/all/futureclothing/169793-bezopasnost-podderzhka- kommunikatsii-peredacha-emotsiy-i-drugie-oblasti-primeneniya-umnyh-tkaney 21.Kolganova M.N., Taubkin S.I. "Application of chloroprene latex in the production of fire hoses", "Kauchuk i rubber", 1964.
22 Sukharev A.T. et al. Mangueiras de pressão com tranças de fibras de poliamida, "Rubber and Rubber", 1963.
23 Koritskiy K.I. Use of chemical fibres in technical fabrics, NTO of light industry, "Light Industry", 1965.
24 Orlik I.B. Application of synthetic fibres in the manufacture of fire hoses, CINTILegprom, Scientific information on flax-foam-jute industry, Series VI, No. 3, 1963.
25 GOST 7877-75 Mangueiras de incêndio com borracha de pressão de fios sintéticos. Condições técnicas gerais
26 Damyanov G.B. et al. Estrutura do tecido e métodos modernos para a sua conceção. - M.: Indústria ligeira e alimentar, 1984.
27 . Smirnov V.I., Theoretical studies of the structure of plain weave fabric, Rostekhizdat, 1960.
28 Gordeev V.A., Volkov P.V., Weaving M., L.I., 1984.
29 Kozireva Z.M. et al. Tecidos técnicos e suas aplicações, "Legkaya Industriya", 1965.
30 Orlik I.B. Determinação da percentagem linear de enchimento de capas de capron para mangueiras de pressão, Trabalhos Científicos e de Investigação do Instituto Central de Investigação Científica de LLV, vol. XXIII, editora "Indústria Ligeira", 1968.
31 HANDBOOK OF YARN PRODUCTION Technology, science and economics P R Lord, NCSU, USA 504 páginas 244 x 172mm hardback julho de

2003.
32 Artigo científico "Tecidos com impregnações especiais para tendas móveis". Coleção de artigos científicos da Academia Militar de RUz, n.º 2, 2012.
33 GOST 54873-2011 Tecidos não tecidos e produtos derivados. Métodos de determinação do tempo de transmissão de líquidos.
34 GOST 29298-2005 Tecidos domésticos de algodão e mistos. Condições técnicas gerais.
35 GOST 29298-92 Tecidos de algodão e tecidos mistos para uso doméstico. Condições técnicas gerais.
36 GOST 20232-74 Tecidos de algodão e tecidos mistos para departamentos. Normas de resistência à abrasão.
37 GOST 20359-74 Tecidos de algodão e tecidos mistos para departamentos. Normas gerais de permeabilidade ao ar.
38 Lund-Iversen B. Weaving weaves: Per. from Norv. - M.: Legprombytizdat, 1987.
39 Kutepov O.S. - Estrutura e design de tecidos. M., Legprodat, 1988.
40 GOST 9857-91 Algodão e tecidos técnicos mistos para mangas de tecido de borracha.
41 GOST 21790-76 Algodão e tecidos mistos para vestuário. Condições técnicas.
42 . http : //www. pojarnie-rukava. ru/.
43 . http: //museion. ru/1.8/tkan. htm

Printed by Books on Demand GmbH, Norderstedt / Germany